蝶变

工业遗产保护利用
上海杨浦实践

Transformation: Conservation and Adaptive Reuse of the Industrial Heritage in Yangpu Waterfront, Shanghai

上海杨浦生活秀带国家文物保护利用示范区建设领导小组办公室
上海市杨浦区文物局
同济大学超大城市精细化治理（国际）研究院
主编

上海文化出版社

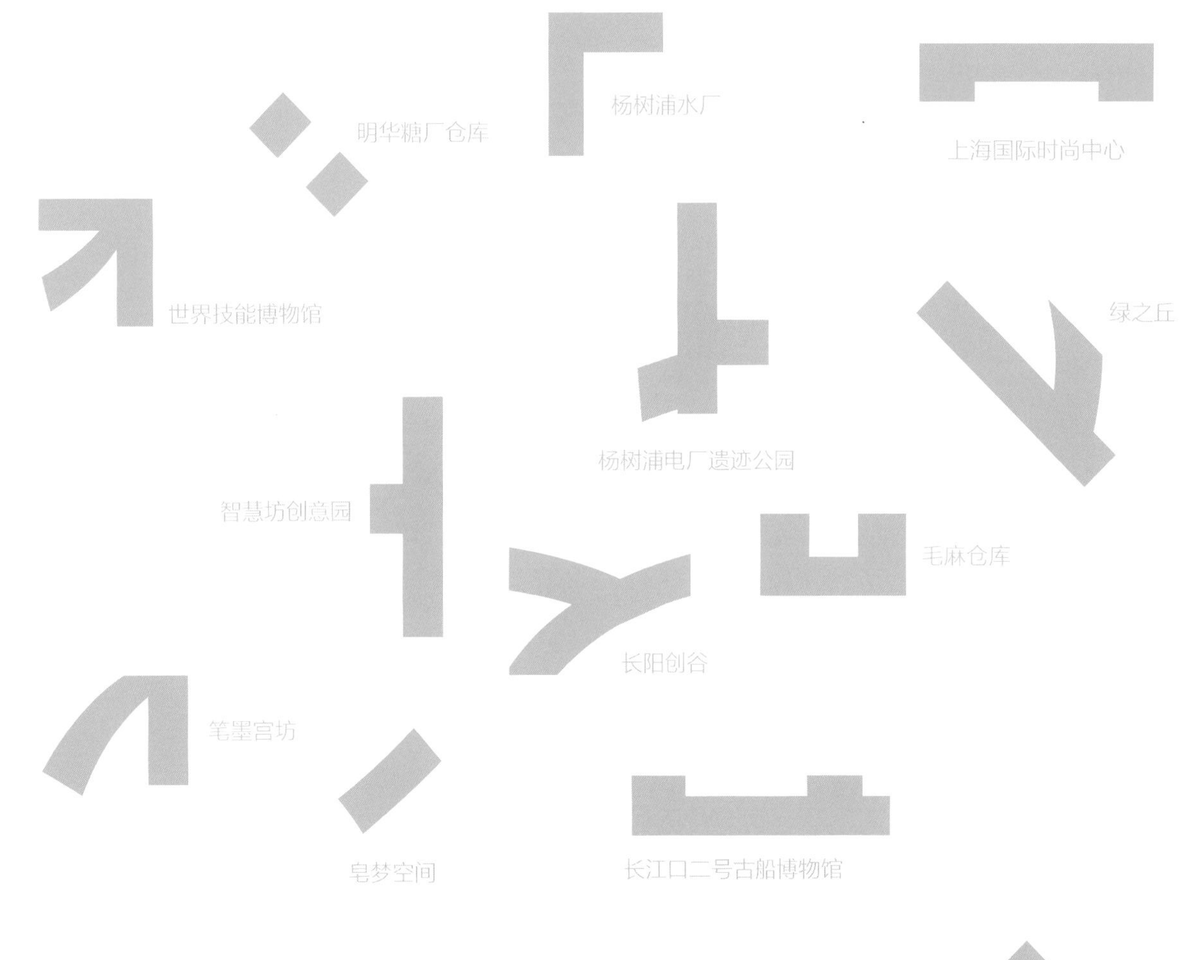

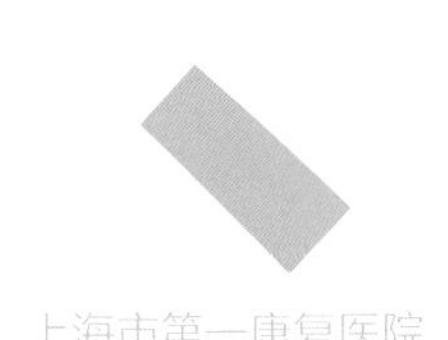

序言

历史文化是城市的灵魂。一幢幢斑驳的老建筑，是岁月变迁的见证者，铭刻着一个时代的历史印记，诉说着一座城市的如歌岁月，承载着一方百姓的乡愁记忆。

上海因水而兴，杨浦因水而名。黄浦江这条上海的母亲河，绵延入海之前，在这座城市的东北部转了一道弯，画出了中心城区最长的 15.5 公里滨江岸线，造就了杨浦的一方水土，给这片城市水岸留下了宝贵的资源禀赋和独特的神韵气质。一百多年来，东西方文明在这里交融碰撞，历史和现代在这里交织融合，孕育了中国近代工业文明的发祥地，诞生了中国最早的自来水厂、远东最大的煤气厂、火力发电厂等十余项“全国工业之最”，沉淀了“世界仅存的最大滨江工业带”的城市肌理，也留下了极其珍贵的工业遗产资源。

习近平总书记深刻指出：“保护好古建筑、保护好文物就是保存历史，保存城市的文脉，保存历史文化名城无形的优良传统。”近年来，杨浦统筹生产、生活、生态三大布局，秉持“历史感、智慧型、生态性、生活化”的理念，推进大规模的工业遗产集中连片保护修缮、挖掘价值、复现肌理、活化利用，昔日的工业生产岸线已抖落满身锈迹，向着生活岸线、生态岸线、创新岸线加速蝶变。2019 年 11 月 2 日，习近平总书记深入杨浦滨江考察，高度肯定杨浦科学改造公共空间，变“工业锈带”为“生活秀带”的创新实践，鲜明提出了“人民城市人民建，人民城市为人民”重要理念，并强调要注重延续城市历史文脉，像对待“老人”一样尊重和善待城市中的老建筑，保留城市历史文化记忆，让人们记得住历史、记得住乡愁。

杨浦牢记习近平总书记殷殷嘱托，深入践行习近平文化思想和人民城市重要理念，始终坚持把最好的资源留给人民，用最优的供给服务人民，统筹保护和利用，兼顾形态和功能，推动工业遗产创造性转化、创新性发展，更好地重现风貌、重塑功能、重赋价值，努力为“生活秀带”增添亮色、“发展绣带”提供支撑。今天的杨浦滨江，处处皆景、步步入画，哥特式的古堡建筑，简约浪漫的水厂栈桥；“网红打卡”的绿之丘，“文艺地标”的毛麻仓库；海派韵味的上海国际时尚中心，浓墨重彩的笔墨宫坊，以及城市文化新地标的长江口二号古船博物馆……“工业风”与“人文景”交相辉映，“历史感”与“时尚潮”相得益彰，更多的工业遗产转变为承载城市文化记忆、产业发展功能、生活休闲体验的高品质空间，正以崭新的姿态镌刻历史、拥抱未来。

《蝶变——工业遗产保护利用上海杨浦实践》一书中收录的 15 个典型案例，是杨浦立足“四个百年”历史底蕴，紧密结合城市有机更新，全力建设国家文物保护利用示范区的探索和实践，也是杨浦深度融入上海“一江一河”世界级滨水区发展战略，打造人民城市重要理念最佳实践地的生动写照。我们希望通过本书，为更多区域的工业遗产保护和活化利用提供有益经验。

津亭日暮风和雨，半是江声半海潮。背倚滔滔黄浦江水，回眸民族工业百年风雨，展望下一个百年的美好未来。杨浦，宛如一张弓，畜势待发，向着人民城市新实践，向着创新发展再出发！

中共上海市杨浦区委书记 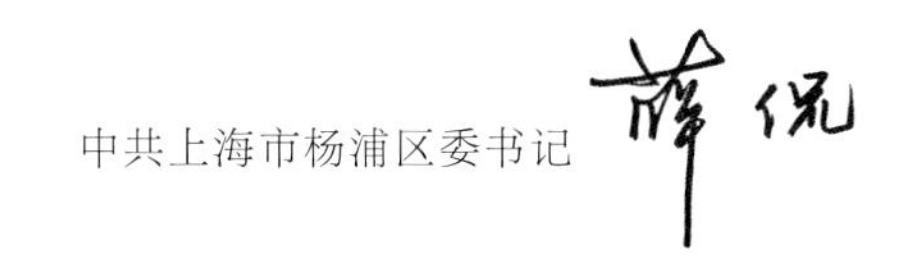

目录

下　篇　/ 33

上

蝶 变

工业遗产保护利用上海杨浦实践

2019 年 11 月 2 日，习近平总书记在上海杨浦考察时，肯定杨浦滨江“从昔日的‘工业锈带’变成了如今的‘生活秀带’”。2020 年 9 月，杨浦区以“生活秀带”为主题入围首批国家文物保护利用示范区创建名单，创建工作以促进城市更新改造和推动老工业城区转型发展为背景，力争探索出可复制可推广的工业遗产保护利用新模式。2021 年 3 月，《上海杨浦生活秀带国家文物保护利用示范区建设实施方案（2021-2023 年）》经国家文物局审核同意，示范区创建工作正式启动。

杨浦滨江是中国近代工业的发源地之一，该区域丰富的工业遗产资源呈现出时间早、类型多、分布广、规模大等特点，在近代上海乃至全国都极具代表性。自 1870 年杨树浦路修筑以来，全市水、电、煤等重大基础设施和纱厂、修造船厂、造纸厂、制皂厂等工业制造企业相继选址在杨浦滨江，与之配套的住宅、医疗、教育等设施也逐渐完善。尽管 20 世纪上半叶历经多次战争，但杨浦滨江一带的工业基础保留相对较好。

新中国成立后，经过对既有工业企业改造以及新兴企业发展，杨浦滨江始终在全市的工业发展中占据着重要地位。1990 年代以后，受上海中心城区“退二进三”战略的影响，杨浦大量传统工业企业开始关停、外迁或重组。进入 21 世纪，上海产业升级转型加速，黄浦江两岸综合开发也上升为全市重大战略，工业遗产的理念和价值逐渐得到广泛认知。杨浦滨江众多具有历史、艺术和科学价值的工业遗产经过保护修缮和活化利用，成为城市文化、教育、科技、艺术、商业、办公活动的新载体。近年来，杨浦更是积极践行人民城市理念，坚持“保护第一、加强管理、挖掘价值、有效利用、让文物活起来”的新时代文物工作方针，深入推进工业遗产的保护利用工作，让这片百年工业区焕发出新的活力。

工业遗产的保护利用是近年来城市更新和文化传承方面的全球性议题，国内外展开了诸多学术研究和结合地方需求的实践探索，而杨浦滨江经验将为全国和全球的工业遗产保护利用提供上海样本。一方面，杨浦滨江的工业遗产保护利用实践紧跟上海城市更新步伐，实现在更新中保护、在保护中更新、以更新促保护、以保护创文化、以文化导更新的工作思路；另一方面，杨浦滨江的工业遗产保护利用具有后发优势，在充分吸取国内外先进经验基础上，结合实际情况进行多项具有杨浦特色的创新实践。

本书回顾杨浦滨江工业遗产保护利用的发展历程，总结其保护利用经验和成效，并选取四大类型 15 项代表案例进行深入解读，总结杨浦滨江经验的同时，以期为国内外工业遗产的保护利用提供更多可复制、可推广的经验做法，为文物保护利用新的实践、新的探索做出新贡献。

1

杨浦滨江工业遗产保护利用的发展历程

工业遗产的保护利用是全球性议题。自1960-1970 年代开始，英国为代表的西欧各国发生了大规模的去工业化运动。面对大量清除的工业遗存和工业景观，历史学家和工业考古先驱们尝试通过各种渠道，对这些人类发展史上的重要遗迹进行抢救性保护，“第一次工业遗产革命”也应运而生[1]。1990 年代开始，欧洲各国与美国、日本等相继以国家立法的方式对工业遗产进行保护。得到保护的工业遗产不仅在数量上快速增加，还通过建筑修复、功能再生、旅游发展和城市更新等手段，转型为博物馆、商业办公和各类文化设施，重新融入区域发展并成为独特的城市景观。

上海是中国近代工业的发祥地、品牌的发源地和现代工业的集聚地[2]，在中国工业发展史上占有重要地位，也留下大量不同时期、优秀的工业建筑。上海对工业遗产的保护利用工作走在全国前列，而杨浦滨江由于历史久、规模大、经验丰富，成为其中最重要、最具代表性的地区。杨浦滨江工业遗产的保护利用历程大致可以划分为三个阶段：“冻结式”保护（1980 年代末 -2000 年），创意产业再利用（2000-2010 年），立足城市发展的综合性保护利用（2010 年至今）。

1.1 “冻结式”保护（1980 年代末 -2000 年）

从 1980 年代末开始，上海对工业遗产的保护利用进行探索。1986 年上海开展近代优秀历史建筑物的普查工作[3]，1989 年杨树浦水厂和上海邮政总局两处工业建筑进入上海市政府公布的第一批优秀近代建筑名单。随后公布的第二批、第三批优秀历史建筑中也都有工业建筑上榜。其中，1998 年启动的第三批优秀历史建筑调查申报工作，是国内最早、规模较大的针对工厂、仓库等工业建筑的基础调查和评估工作，次年确定 15 处工业建筑列入保护名单[4]。

杨浦滨江一带由于全市产业结构调整，许多工厂关停并迁，闲置土地与厂房资源得到优化置换，部分工业建筑拆除新建，但也有多处工业建筑因入选上海市优秀历史建筑得以保留。例如，1989 年杨树浦水厂入选第一批上海市优秀近代建筑名单，1994 年杨树浦电厂入选第二批上海市优秀历史建筑名单，1999 年东区污水处理厂、怡和纱厂、密丰绒线厂、杨树浦煤气

1980 年代末的杨浦滨江鸟瞰图 | ©《杨浦区地名志》

杨树浦发电厂

杨树浦水厂

厂、裕丰纺织株式会社、正广和汽水有限公司入选第三批上海市优秀历史建筑名单。这些工业建筑是杨浦工业文明的见证者，是杨浦工业风貌的优秀代表，具有极高的历史、艺术和科技价值。虽然这一时期对工业遗产保护利用的方式仍以博物馆“冻结式”保护为主，但及时纳入保护名录，既是对工业建筑遗产价值的认可，亦是为后续的活化利用打下良好的基础。

1.2 创意产业再利用（2000-2010 年）

进入新世纪，上海对工业遗产的保护利用探索进入新的阶段。2002 年《上海市历史文化风貌区和优秀历史建筑保护条例》颁布，第一次把工业建筑列为重点保护对象。同时，随着产业转型加速，上海的工业用地成为城市更新的重要对象。2005 年上海提出“三不变”① 的工业用地更新方式，在不变更土地用途和使用权人的前提下，鼓励工业转型发展为创意产业，挖掘闲置厂房的潜质，盘活存量。

杨浦区自 2002 年启动滨江开发工作以来，围绕杨浦建设知识创新区和服务世博的发展主线，充分挖掘百年工业文明的文化底蕴[5]。一方面通过基础研究、规划编制、国际方案征集等方式积极探索工业遗产的保护利用途径，如《上海市杨浦区滨江地区保护与更新研究》《复兴岛及其周边地区详细规划》《黄浦江沿岸 W-5（杨浦大桥地区）控制性详细规划》等；另一方面通过重点项目开展实践探索，出现了一批如国棉十七厂转型为上海国际时尚中心等成功案例，将滨江百年工业文明与知识文明进行有机结合，为杨浦滨江地区工业遗产转型提供成功经验[6]。

2000 年代初的杨浦滨江鸟瞰图 | ©《杨浦区志（1991—2003）》

① 即老厂房、老仓库、老大楼的房屋产权关系不变、房屋建筑结构不变、土地性质不变。

1.3　立足城市发展的综合性保护利用（2010 年至今）

2010 年世博会之后，上海的城市更新步入稳步发展阶段，愈发关注工业遗产的综合性保护利用。2015 年上海开展历史文化风貌区扩区普查，提出工业风貌街坊概念，新增抢救性工业保护街坊 15 处、工业建筑遗产 300 多处。上海的工业遗产保护利用不再局限于对闲置工业建筑的改造，而是立足于城市发展的多元需求，强调社会、经济和环境等综合目标，并与文化事件或公共活动相结合。

这一阶段的杨浦区进一步加快滨江综合开发工作，并将工业遗产作为新时代创新发展的重要资本，不断创新保护利用方式，形成如下措施：

1.　开展深度调查，夯实杨浦滨江规划研究

2010 年，杨浦滨江地区启动控规实施和国际方案征集的全面评估。此后对滨江地区历史建筑（尤其是工业遗产资源）开展普查和价值评估工作，并在新一轮《杨浦滨江南段控制性详细规划》修编时新增保留建筑。2010 年和 2014 年杨浦滨江南段国际方案征集，以及 2017 年启动的杨浦滨江中北段城市设计国际方案征集，在工业遗产保护利用方面催生许多先进理念。此外，杨浦区先后发布杨浦区滨江发展“十二五”规划、“十三五”规划、“十四五”规划，持续推进工业地块的收储和工业遗产的保护利用。

2.　建设基础设施，推进工业遗产活化实践

2010 年以来，杨浦区启动新建军工路快速路、杨树浦路综合改造等工程。2017 年和 2019 年分别建成并开放杨浦大桥以西 2.8 公里、杨浦大桥以东 2.7 公里的滨江公共空间，实现了生产岸线向生活岸线、生态岸线、景观岸线的转变。同时，承载着城市共同记忆的工业遗产得到活化利用，如永安栈房、明华糖厂、毛麻仓库、上海船厂船坞等生产与仓储空间转型为承载公共活动、文化艺术展览、商务办公的空间；烟草仓库、电厂转运站等被塑造为滨江空间中的城市景观和休憩驿站；作为全国重点文物保护单位的杨树浦水厂，通过精心修缮和深度处理改造工程，重新焕发活力。

3.　强调人文精神，促进多方交流提升活力

近五年来，原本封闭的杨浦滨江地区逐渐向市民打开，大量世界级文化艺术活动和体育赛事在此举行。如 2017 年杨树浦国际创新论坛在上海国际时尚中心举办，2019 年第三届城市空间艺术季选取上海船厂船坞和毛麻仓库为主展场，2021 年公共空间绿之丘段引进国际雪联城市越野滑雪中国巡回赛等。文化艺术和体育盛宴丰富着市民的精神生活，并有效提升杨浦滨江软实力。全线贯通后的杨浦滨江，充满人文活力和生活气息，也成为服务市民健身休闲、观光旅游的公共空间和生活岸线。

参考文献

[1]　迈克 · 罗宾逊，傅翼 . 欧洲工业遗产的保护和利用：挑战与机遇 [J]. 东南文化，2020（1）：12-18.

[2]　“工业锈带”蝶变“生活秀带” 上海着力推进工业旅游发展 [EB/OL]. 新华网，2022-11-19，http://sh.news.cn/2022-11/19/c_1310677998.htm.

[3]　王林，薛鸣华，莫超宇 . 工业遗产保护的发展趋势与体系构建 [J]. 上海城市规划，2017（6）：15-22.

[4]　规话名城 | 张松：我和上海名城的故事 [EB/OL]. 中国城市规划，2022-11-09，https://mp.weixin.qq.com/s?__biz=MzA3NTE1MjI5MA==&mid=2650842962&idx=1&sn=babd623c07d479f8b967d94c9d7047dc&chksm=8480e99fb3f760895355e673ecab2dc551e00d0b6b7e966c707f0b770962cbba9399a434f68c&scene=27.

[5]　上海市杨浦区滨江发展“十二五”规划 [EB/OL]. 上海市杨浦区人民政府，2012-01-12，https://www.shyp.gov.cn/ypzwgk/zwgk/buffersWebdbPolicyinterpret/infoDetails?id=45ae7e91-cd6c-4778-8569-f3b7e0669ec7.

[6]　丁凡，伍江 . 上海城市更新演变及新时期的文化转向 [J]. 住宅科技，2018，38（11）：1-9.

2023 年的杨浦滨江鸟瞰图｜ © 陈明松

杨浦滨江工业遗产保护利用的经验总结

杨浦滨江工业遗产在保护和利用过程中，始终坚持人民至上与共享发展相融合、政府主导与社会参与相统一、保护优先与合理利用相结合、尊重历史与动态传承相促进等原则，以“重现风貌、重塑功能、重赋价值”为主线，因地制宜、因情施策，在全周期治理的视角下探索符合上海实际的工业遗产保护利用新模式。主要经验可总结为以下四大方面：

2.1 顶层设计，政策创新

1. 开展资源摸底评估，完善多元保护体系

杨浦区坚持工业遗产的系统性保护，实施应保尽保、能留则留、能用即用策略。首先，在全区范围内开展工业遗产的调查、评估和认定工作，在此基础上推动尚无身份但具有较高价值的历史建筑纳入文物保护范畴。例如毛麻仓库、明华糖厂仓库、三新纱厂仓库、上海锅炉厂等工业遗产在2022-2023年间新公布为杨浦区文物保护单位和文物保护点。其次，通过规划强化对工业遗产的保留保护指引。例如通过控制性详细规划的编制或调整，将更多工业遗产纳入保护体系，尤其是尚未列入各级文物保护单位、文物保护点和上海市优秀历史建筑的工业遗产，通过控规给予保留身份（如烟草仓库、杨树浦发电厂和上海制皂厂，以及滨江沿线留存的、极具特色的工业遗存设备、设施等），有效避免工业遗产由于缺乏法定保护身份而遭到拆除，初步形成杨浦滨江工业遗产的多元保护体系。

2. 创新土地收储机制，给予政策资金支持

杨浦滨江南段整体收储已基本完成，滨江中北段土地收储正在有序推进。滨江中北段复兴岛地区土地收储工作已通过市发改委立项，由上海市土地储备中心与杨浦区土地储备中心共同投资，进行市、区联合收储；滨江中北段其他土地收储工作也将争取采用市、区联合收储机制实施。这一机制解决了部分企业和部队要求土地置换等诉求，逐步扫除历史遗留问题等工作障碍。与此同时，各级政府也积极为工业遗产保护利用提供政策、资金等方面的支持。例如，国棉十七厂转型为上海国际时尚中心时，政策上获得来自国家、上海市、杨浦区三级发改委的配套扶持基金；笔墨宫坊落户杨浦滨江时，得到多位政协委员及市、区文旅局的关注和支持，并根据《中华人民共和国非物质文化遗产法》（2011年2月25日）获得“国家非遗”的补偿资金等。

3. 强化部门沟通协调，统筹兼顾发展需求

面对工业遗产保护利用工作涉及部门多、涵盖面广、协调难度大等情况，上海市和杨浦区相关部门通力协作，处理好保护和发展的矛盾。例如杨浦滨江南段规划安浦路以南为公共绿地，为避免绿地内的历史建筑被拆除，经多方协商推动，最终允许杨浦滨江在绿地总体指标符合设计规范要求的前提下，分区域对绿地内各类用地指标进行统筹平衡——滨江南段建筑占地比例提高至8%，突出历史遗存与时代风情的融合[①]。再如，面对原规划安浦路穿越烟草仓库（绿之丘）、慎昌洋行杨树浦工厂旧址财务大楼等历史建筑的问题，兼顾工业遗产保护和重大民生工程的实际需要，经规划、市政、文物等多部门协商、专家评审以及市政府批复，对原规划进行调整，采用建筑底层架空、道路红线调整等措施[①]，既保障了道路通行能力，又避免了历史建筑被拆除。

---

① 上海市绿化和市容管理局，《上海市绿化和市容管理局关于杨浦滨江绿地指标平衡方案的审核意见》（沪绿容〔2021〕148号文），2021-4-30。

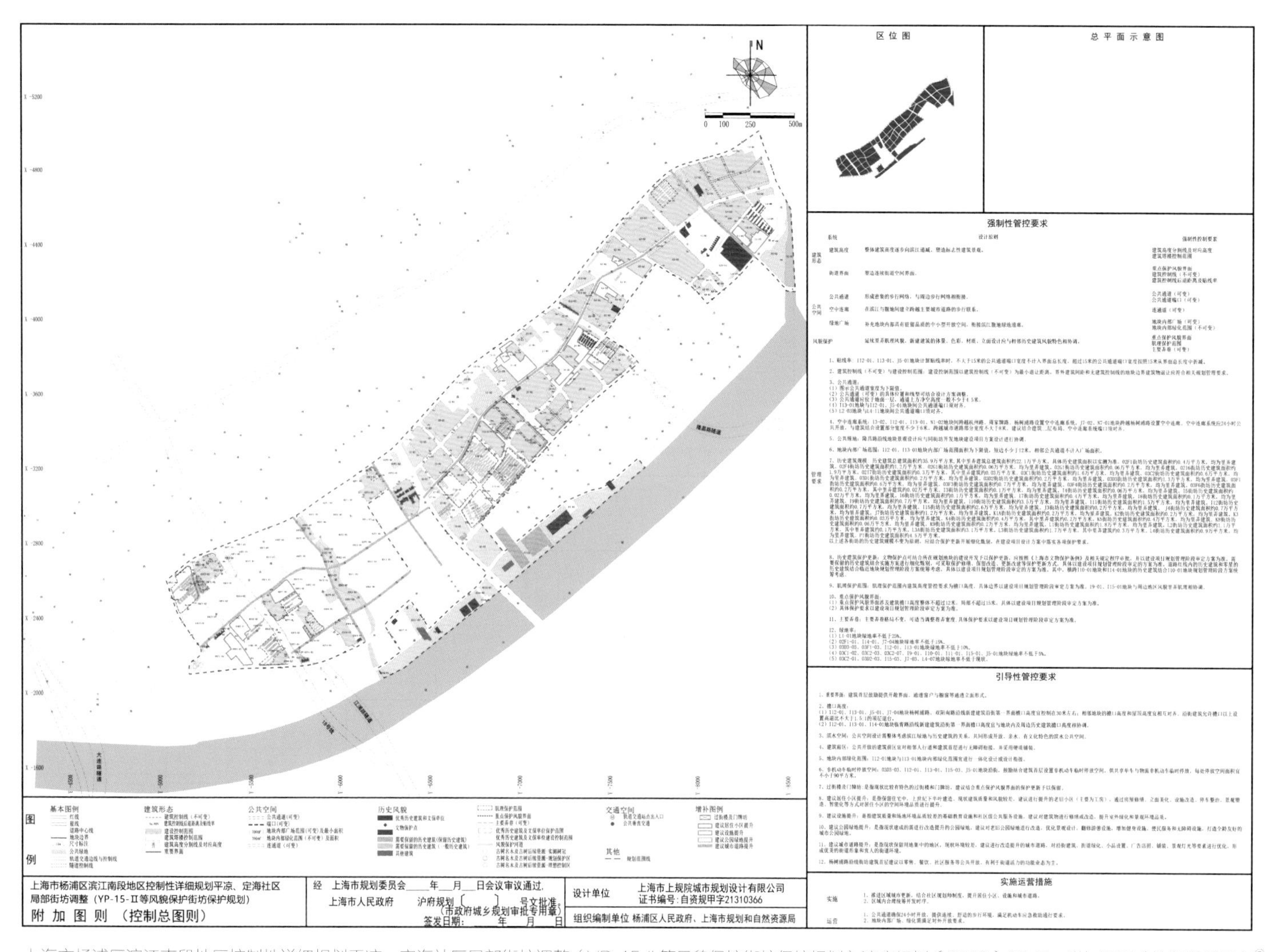

上海市杨浦区滨江南段地区控制性详细规划平凉、定海社区局部街坊调整（YP-15-II 等风貌保护街坊保护规划）沪府规划〔2023〕36 号 - 附加图则（控制总图则）②

2.2 整体保护，分类利用

杨浦滨江工业遗产在总体保护利用策略上强调“保护优先、分类施策”，一方面为确保工业遗产的历史真实性、风貌完整性和文化延续性，实施有限介入、低冲击开发；另一方面综合考虑工业遗产的质量现状、历史价值、区位环境等因素，通过不同手段激发活力。

② 图片来源：https://z.ghzyj.sh.gov.cn:8080/2009/kxgh/202301/t20230118_1074476.html.

1. 生产空间与生活空间统筹

杨浦滨江在历史发展中已形成“生产 - 生活”一体化的城区，其工业遗产的价值不仅体现在工业建筑本身，也包括工艺流程、设备设施，以及与工业生产有着紧密关系的工人住宅、公共服务设施等一系列完整的生产生活空间。在具体实践中，杨浦区不仅关注传统工业建筑、仓库和相关设备设施的保护利用，同时也把工人住宅（长白 228 街坊等）、公共服务设施（缉椝中学、圣心医院等）作为重要对象，从“生产 - 生活”的整体视角出发推动保护利用工作。

2. 集群保护与单点保护并行

杨浦滨江工业遗产类型多样、分布广泛、保存状况不一，既有成片保留的建筑集群，也有历史变迁后仅存的单体建筑。如国棉十七厂、中国纺织机械厂、远东钢丝针布厂等这类建筑保留较多的厂区，分别转型为上海国际时尚中心、长阳创谷、智慧坊创意园区等，其保护利用注重与区域发展需求的结合，侧重总体策划和分期开发运营。如毛麻仓库、永安栈房、明华糖厂仓库等单体建筑，则更注重建筑本体的特色挖掘和保护修缮，打造成精品项目。杨浦滨江目前已初步形成“点、线、面”相结合的工业遗产保护利用体系。

上海国际时尚中心鸟瞰 | © 上海国际时尚中心

杨树浦电厂遗迹公园保留设备 | © 唐肇敏

3. 物质保护和文化传承并重

杨浦区对工业遗产实行全要素保护，不仅关注建筑本体、机械设备构件乃至保留树木等物质环境遗存，也重视物质空间背后的产业特征、文化价值、品牌故事等非物质文化要素，传承“有形的记忆”和“无形的记忆”。例如杨树浦电厂码头改造为遗迹公园时，既保留场地内的大量建、构筑物和原生植被，并加以利用，也通过将输煤转运站打造为“杨树浦驿站”，展示传播电厂的历史故事、工业精神和红色文化；上海制皂厂辅助车间转型为皂梦空间时，同样保留了建、构筑物及其周边绿化，并在设计中融入肥皂泡、历史广告标语等众多元素，唤醒大众的时代记忆；黄浦码头旧址转型为秦皇岛路码头，候船大厅内建成“初心 · 启航”展示厅、上海港码头号子展示厅等，让更多市民游客了解杨浦区“国家级非遗”码头号子文化。

4. 长远谋划和暂时性利用兼具

由于杨浦滨江的工业遗产规模较大，其保护利用进程不可能一蹴而就。在众多实施案例中，既有最初即明确定位、目标并不断深耕的，例如上海国际时尚中心立项之初即明确打造以时尚为主题的园区，在前期策划规划和后期招商引资等过程中均围绕该主题推进；也有随城区

永安栈房西侧 | © 钱亮

改造后的绿之丘 | © 章鱼见筑

绿之丘俯瞰图 | © 王洪刚

发展采取暂时性利用方式的，例如瑞镕船厂的船坞曾被选为 2019 年上海城市空间艺术季的主展场临时利用，目前根据市委、市政府综合研判将要打造长江口二号古船博物馆（筹），以及位于滨江北段的上海机床厂尚未启动更新，但已利用厂内作为区文保点的工具车间进行厂史展览。

5. 风貌保护与使用需求兼顾

工业遗产进行活化利用时，根据其价值特征有不同的风貌保护要求，且均需兼顾使用需求。对于具有较高的历史、艺术、科学和社会价值的，采取整体保护、修旧如旧，尽可能还原其历史风貌，同时适应现代使用需求。例如圣心医院 2、3 号楼修缮过程中，不仅复原了立面材质、门窗样式和室内特色装饰等，还利用墙体空间整合多种气体管道、呼叫系统、监控仪等设备，满足现代化康复医院的需要；杨树浦水厂开展深度处理改造工程时，最大限度地保护文物建筑本体及历史环境，亦全面提升水厂水处理能力等。对于尚无保护身份、价值相对一般的工业建筑，结合专家意见，对建、构筑物进行适当地合理改造以适应现实需求。例如烟草仓库改造为绿之丘时，对其原有体量进行削减，并采取底层架空以便市政道路穿越；上海茶叶进出口公司第一茶厂厂房更新为笔墨宫坊时，室内空间根据生产和展览展示需求进行了整体的调整等。

6. 传统工艺与现代技术结合

在工业遗产具体修缮过程中，往往既要采用传统的材料和工艺技术，也需要运用现代技术手段，两者相辅相成，缺一不可。例如明华糖厂仓库对南、西立面（原有建筑外墙）通过清理表面，采用传统材料进行修复还原；对于东、北立面（原室内隔墙）及屋面（原始屋顶已拆除），则大胆采用落地窗、“漂浮”屋面等新形式，以及缎面阳极氧化铝等新材料进行修复。

2.3 科技赋能，转型发展

1. 建设智慧基础设施，搭建数字管理平台

在滨江公共空间贯通工程之前，杨浦滨江已先行完成智慧滨江的顶层设计，为历史建筑的智慧运维管理奠定了基础。2023年，杨浦区文化和旅游局（区文物局）搭建并上线了以“1档+3应用”为核心的文物数字管理平台，实现文物档案的全息化归集、文物保护的可视化管理、文物巡查的全闭环处置、市民游客的沉浸式体验[2]，并且接入“一网统管”数字应用场景。目前，杨浦区内具有文物身份的工业遗产均已纳入该管理平台。

杨浦区文物数字管理平台界面 | © 上海市杨浦区文物局

2019 年在瑞镕船厂船坞举办城市空间艺术季开幕式｜© 田方方

2. 积极采用数字技术，提升智慧管理水平

杨浦滨江工业遗产的保护利用还充分运用前沿技术进行项目的数字化展示和智慧管理。例如上海国际时尚中心利用最新的人工智能算法、高精度真材质，还原厂区的历史建筑和街区场景，打造“滨江元宇宙第一站”；智慧坊运用线上小程序进行全流程智能化管理，涵盖从入驻伊始到后续管理的企业服务、物业报修、公寓服务、场地预约等；长阳创谷作为人工智能应用试点园区，打造多种不同形态的 AI 创新体验平台，并且结合园区实际建设消防物联网远程监控管理平台，提升园区安全性。

3. 植入新型功能业态，促进文旅融合发展

转型后的工业遗产与文化艺术、科技创新、影视直播、现代商务等新兴功能和业态融合，与旅游资源相融合，成为集城市记忆、文化传播、休闲体验、产业发展等于一体的特色空间。例如明华糖厂仓库、毛麻仓库、永安栈房西楼等融入了艺术展陈功能；杨树浦水厂和发电厂的局部改造新增了休闲、展示和教育功能；上海国际时尚中心兼具文化演出、直播、商业、办公等丰富的功能业态；长白 228 街坊按照“老街坊 + 新设计”“老品牌 + 新市场”的整体定位，建设“工人文化”沉浸式展示馆、智慧型超市、网红餐饮楼等项目，促进商旅文体、吃住行娱深度融合。

4. 承载多元文体活动，持续汇聚文创产业

杨浦滨江公共空间和转型后的工业遗产成为城市文体活动的重要承载空间，代表性的活动包括 2019 上海城市空间艺术季、2021 海派旗袍文化节、上海国际摄影节、上海城市定向户外挑战赛、曙光——红色上海 · 庆祝中国共产党成立 100 周年主题艺术作品展、“百年百艺 · 薪火相传”中国传统工艺上海邀请展”、2023 首届杨浦国际设计节，等等。以杨浦滨江工业遗产为主题，举办“百 BU 穿 YANG”文化创意设计大赛等活动，推出“工业杨浦百年秀”“母亲河边的红色摇篮”等主题微旅行线路，带动更多人关注工业遗产的价值。与此同时，上海市“文创 50 条”、杨浦区促进直播经济“24 条”和电竞产业“23 条”等产业政策细则的出台，为杨浦滨江吸引文创及相关企业落户提供了强有力的支撑。哔哩哔哩（bilibili）、字节跳

动等数字文创头部企业以及中国文化产业投资基金（二期）母基金管理公司等大型文创投资企业相继落户杨浦滨江，为后续中小企业的入驻和文创产业集群的构筑奠定了良好的基础。

2.4 共治共享，多元保障

1. 构建共治共享格局，服务人民美好生活

杨浦工业遗产的保护利用始终把“以人民为中心”作为出发点和落脚点，把各方力量凝聚起来，让工作成果更广泛地惠及人民群众。在“共治”方面，引导公众参与工业遗产的保护利用过程，让体验者成为共同缔造者。例如杨树浦电厂遗迹公园作为向市民开放的公共空间，公开接收公众对其使用情况的反馈，公园内滑梯高度、女厕位进深等都根据公众意见进行更新升级。此外，杨浦滨江人民建议征集工作平台的设立也进一步汇聚市民游客的智慧和力量，主动问需于民和问计于民。在“共享”方面，将保护和改造的工业遗产最大限度地向市民开放。例如滨江沿线的部分工业遗存转型为党群服务驿站（如电站辅机厂站原为工厂生产车间、杨树浦电厂站原为输煤转运站、上海国际时尚中心站选址于原纱厂仓库一楼），展示工业文化的同时，为市民提供 WIFI、直饮水、书籍借阅、医药包、雨伞等便民服务；由老厂房转型而来的上海国际时尚中心、长阳创谷、智慧坊创意园等，消除园区与街区 / 城区的边界，以开放包容的姿态欢迎市民到来。

杨浦滨江党群服务驿站丨 © 同济大学超大城市精细化治理（国际）研究院

电站辅机厂站

杨树浦电厂站

2. 筑牢安全保护底线，加强全过程监管

工业遗产的保护利用必须建立在不损坏遗产价值的保护底线上。《上海市历史风貌区和优秀历史建筑保护条例》《上海市文物保护条例》等法规文件构筑了“最严格”的保护屏障。杨浦区制定《关于落实杨浦区文博单位消防安全长效机制的实施细则》，通过消防安全联合督查、街道网格化检查、社会巡查员日常巡查、第三方安全监管单位专项检查，以及在住宅型文物建筑安装故障电弧探测装置的常态化管理，多措并举，完善发现问题和及时处置的工作机制，构筑文物安全底线。对于尚不具备法定保护身份的历史建筑，在对外租用过程中，由上海杨浦滨江投资开发（集团）有限公司负责其全过程监管，例如在租赁合同中明确历史建筑的保护要求、归还验收标准以及违规处置办法，并采用核对历史建筑出租前、后视频的方式进行验收，保障工业遗产在不被破坏的前提下实现活化利用。

3. 加强人才智库建设，完善社会参与机制

组建上海杨浦生活秀带国家文物保护利用示范区建设顾问委员会，聘请 15 位上海市文物保护利用方面的领军人物出任顾问，兼顾学术、建设和运营等多个领域，尤其是集聚同济大学、复旦大学、上海交通大学等高校专家，涵盖市文物保护利用领域主要行业协会，为工业遗产的保护利用提供专业引领。通过与高校创新平台、关键技术、科研团队的对接，充分发挥相关强势学科的支撑作用。建设志愿服务实践基地，强化工业遗产保护利用的普法宣传和相关历史故事宣讲，并鼓励市民加入志愿服务活动。成立上海市杨浦区滨江治理联合会，涵盖地产开发、传统工业、金融投资、建筑设计、社会事业、社会服务、专业服务等各个领域，让更多社会主体支持参与工业遗产的保护利用。

参考文献

[1] 上海市杨浦区规划和土地管理局 . 安浦路（双阳南路 - 宁武南路）道路红线调整专项规划公众参与草案 [EB/OL]. 上海市杨浦区人民政府规划公示 . [2018-08-30]. https://www.shyp.gov.cn/shypq/yqyw-wb-gtjzl-gsgg-ghgs/20181220/312745.html.

[2] 杨浦文物数字管理平台正式上线 [EB/OL]. 上海市杨浦区人民政府 - 杨浦融媒 . [2023-06-12]. https://www.shyp.gov.cn/shypq/xwzx-bmdt/20230612/430041.html.

蝶　变

工业遗产保护利用上海杨浦实践

杨浦滨江作为中国近代工业发祥地，工业遗产数量庞大，普遍具有年代“早”、建筑“特”、门类“全”等特点。根据每个工业遗产的历史地位、保留现状、空间特征等方面，针对性、精细化地制订保护利用的策略和方法。因此，本书采用以单个工业遗产案例为单位的研究和撰写思路，细致展现杨浦滨江工业遗产保护利用过程中的思路、策略和成效，由点及面绘制杨浦滨江工业遗产整体保护利用新图景。

当今国内外对工业遗产再利用的分类有按照原产业门类[1,2]、空间规模[2-4]、建筑类型[2,5-7]、更新后功能类型[8-11]、更新介入手段[2]等多种方法。在系统研究的基础上，本书选取按原功能性质的分类方法，将工业遗产保护利用案例分为市政基础设施、工业制造、公共服务设施、住宅四类。这种分类方式的优势在于：

（1）能够涵盖杨浦滨江所有类型的工业遗产且不会交叉重叠；

（2）更加直观呈现杨浦滨江“生产 - 生活”有机融合的历史特征，以及当前滨江区域全面转型升级的态势；

（3）更能体现不同工业遗产类型所适应的保护利用策略和方向，便于总结系统性经验，并对未来更多的工业遗产保护利用实践产生指导作用。

综合考虑工业遗产保护地位的重要性、保护利用策略的创新性、保护利用成效的显著性，本书选取覆盖四大类型的 15 则关键案例展开研究。四大类型中，市政基础设施是整个区域工业发展的基石，杨树浦水厂和杨树浦发电厂是其核心代表。工业制造类，是最典型，数量最多的工业遗产类型，包括纺织、制皂、船舶维修等生产加工工厂和仓库栈房，是杨浦滨江工业遗产最普遍的类型。健全的公共服务设施配套是大规模工业区长期稳定发展的产物，以缉椝中学和圣心医院为代表，百年来不断为工人和家属提供生活服务。大规模工人群体的聚集使杨浦滨江腹地形成大面积工人住宅。工人住宅与包含市政服务、工业制造和公共服务属性的滨江工业遗产带一同形成一个系统和完整的区域工业遗产体系。

本书的案例研究以保护利用推进过程为思路展开，首先简要回顾工业遗产的历史变迁并剖析其空间特征，阐明其在以实践为导向的国外工业遗产保护研究综述历史、区位、建筑等方面形成的先天禀赋和价值；在此基础上，尝试从政策创新、规划设计、修缮工艺、功能更新、管理运营等多个角度解析其保护利用策略；最后，总结工业遗产转型后在社会影响力和知名度、文化精神传承、生态环境改善等多维度、多领域取得的成效。

参考文献

[1] 刘伯英，冯钟平 . 城市工业用地更新与工业遗产保护 [M]. 北京：中国建筑工业出版社，2009.

[2] 刘抚英 . 我国近现代工业遗产分类体系研究 [J]. 城市发展研究，2015（11）：64-71.

[3] 董一平 . 机械时代的历史空间价值——工业建筑遗产理论及其语境研究 [D]. 同济大学，2013.

[4] 黄琪 . 上海近代工业建筑保护和再利用 [D]. 同济大学，2008.

[5] 王建国等著 . 后工业时代产业建筑遗产保护更新 [M]. 北京：中国建筑工业出版社，2008.

[6] 上海文物管理委员会编 . 上海工业文化遗产新探 [M]. 上海：上海交通大学出版社，2009.

[7] 刘伯英，胡戎睿，李荣等 . 既有工业建筑非工业化改造技术研究[J]. 工业建筑，2018（11）：9-13，86.

[8] （南非）迈克尔 · 洛编 . 工业遗产保护与开发 [M]. 姜楠，译 . 桂林：广西师范大学出版社，2018.

[9] 刘宇 . 后工业时代我国工业建筑遗产保护与再利用策略研究 [D]. 天津大学，2017.

[10] 马航，戴冬晖，范丽君 . 城市滨水区再开发中的工业遗产保护与再利用 [M]. 哈尔滨：哈尔滨工业大学出版社，2017.

[11] 曾锐，李早，于立 . 以实践为导向的国外工业遗产保护研究综述[J]. 工业建筑，2017，47（8）：7-14.

市政
基础设施类

杨树浦水厂 | © 高耀成

3.1 杨树浦水厂

项目概况

项目地址	上海市杨浦区杨树浦路 830 号	建设单位	上海城投水务（集团）有限公司
保护级别	全国重点文物保护单位（第七批）	设计单位	上海市政工程设计研究总院（集团）有限公司；华东建筑设计研究院有限公司；同济大学建筑设计研究院（集团）有限公司原作设计工作室（栈桥）
项目时间	2017 年，栈桥建成开放；2020 年，启动深度处理改造工程		
原功能	制水		
现功能	制水、展示与教育	施工单位	上海市政工程设计研究总院（集团）有限公司 上海市安装工程集团有限公司（联合体）
建筑面积	12800 平方米		

杨树浦水厂丙组滤池修缮前后 | © 上海市政工程设计研究总院（集团）有限公司

修缮前

修缮后

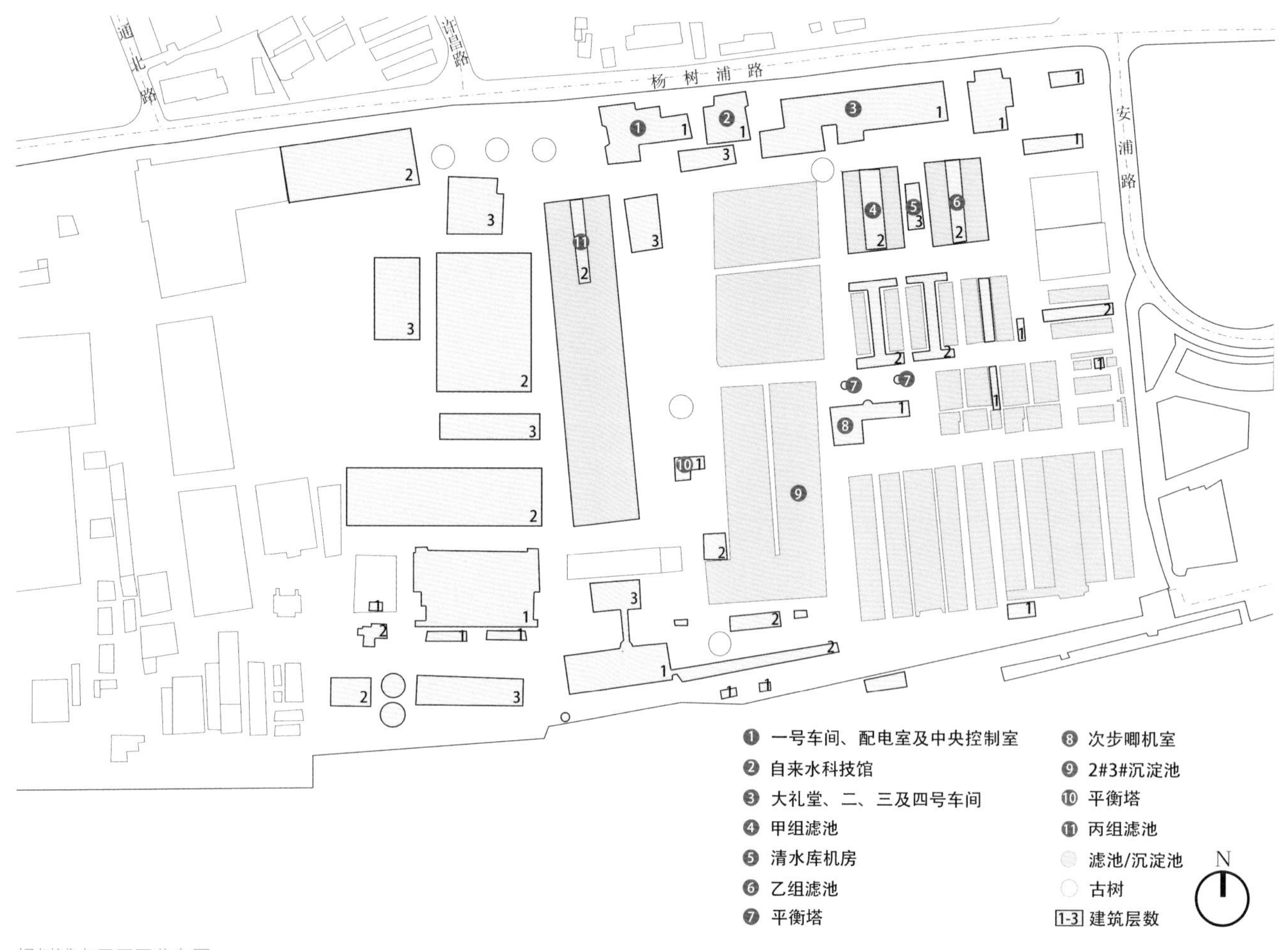

杨树浦水厂厂区分布图

项目简介

杨树浦水厂位于杨树浦路830号，紧邻东方渔人码头，占地面积12.9万平方米。该厂始建于1881年，建成于1883年，是中国第一座现代化水厂，也曾是远东地区历史最久、供水量最大、设备最先进的大型水厂。作为中国近代城市供水的起点，它推动了上海的城市化和现代化进程，清澈的自来水从这里流出，先是满足租界外侨的用水需求，而后使租界外的上海居民逐渐接纳和习惯使用自来水的生活方式。

杨树浦水厂自建成至今，运行从未中断，是上海乃至全国为数不多的、仍具备生产功能的工业遗产。百余年间，杨树浦水厂虽经历多次改扩建，但修缮改造活动从未对水厂建筑群的真实性与完整性造成破坏，是近代工业建筑保护利用的典范[1]。2017年，为践行“还江于民”理念，落实黄浦江两岸公共空间贯通要求，水厂防汛墙外新建一条平行于水岸的景观步行桥（栈桥），成为城市居民了解水厂和观赏江景的公共空间。

具有欧洲城堡风格的水厂大门 | © 杨树浦水厂

水厂大礼堂旧照 | © 杨树浦水厂

9号出水蒸汽唧机 | © 杨树浦水厂

杨树浦水厂建厂初期全貌 | © 杨树浦水厂

① 华东建筑设计研究院有限公司 历史建筑保护设计院，《全国重点文物保护单位杨树浦水厂深度水处理改造项目》，2018年。

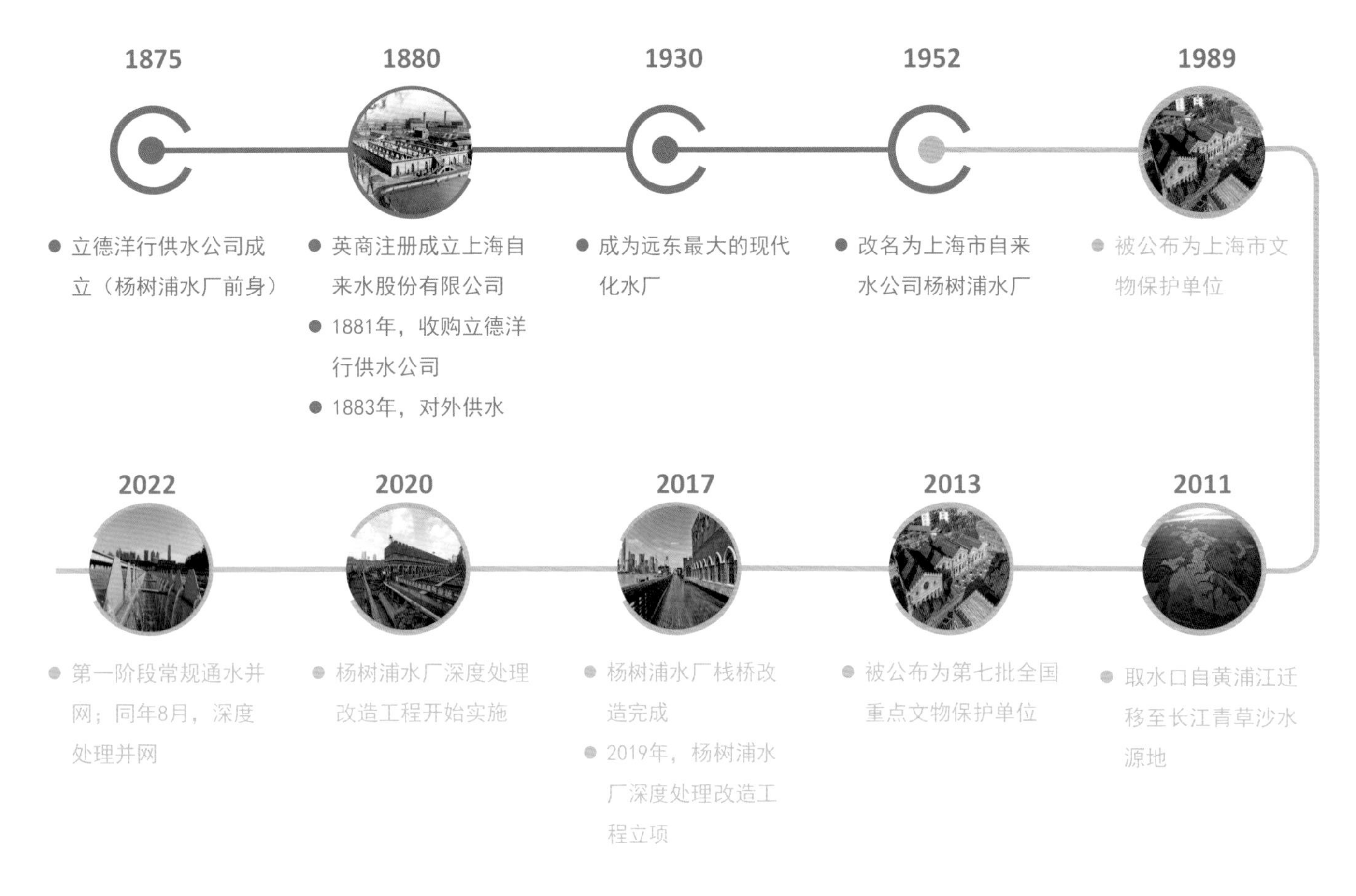

杨树浦水厂发展脉络示意图

3.1.1 历史变迁

杨树浦水厂的前身可追溯到 1875 年，由英商立德洋行在今杨树浦水厂南部开设供水公司，建成小型自来水厂。由于经营不善等原因，水厂于 1881 年出售给英商上海自来水股份有限公司，并于 1883 年开始正式供水，标志着中国第一座现代化水厂正式建成。此后，杨树浦水厂经历了数次改扩建，至 1930 年占地面积增加了 3 倍，扩大到 25.7 万平方米，并不断提升制水工艺，逐渐成为当时远东第一大水厂[1]。解放后，政府加大基础设施建设，多次对水厂的制水设备进行扩建和挖潜改造，逐步扩大供水能力和供水范围。特别是在 2008 年，水厂 36 万吨深度处理改造工程顺利完工，开创了上海自来水厂深度处理的先河。

改革开放以来，因其突出的历史价值和社会价值，水厂陆续获得保护身份：1989 年被公布为上海市文物保护单位，2013 年被列入第七批全国重点文物保护单位。同时，水厂持续优化对外宣传，将部分厂区建筑打造为上海自来水科技馆，成为面向市民的科普窗口。2017 年，随着杨浦滨江贯通工程的推进，水厂栈桥完成建设。2020 年，水厂再次启动深度处理改造工程，进一步提升上海市民用水质量。

3.1.2 空间特征

杨树浦水厂的空间格局在历史上曾有过数次变化。1930 年代前，水厂几经扩张，形成以杨树浦路为界的南北两大厂区。1980 年代，北区辟建为其他生产设施和职工住宅，保留南区为水厂用地。这一经由历史形成的水厂现状空间格局具有三方面特征：

一是厂区布局即是对水厂工艺流程的自然反映。自江岸由南往北，按照取水、净水工艺流程依次排布取水口—2#、3# 沉淀池—初步唧机室—甲、乙、丙组滤池——至四号车间等，厂区空间布局井然有序、科学合理。

二是水厂内布有大面积的水池空间。为满足水处理工艺和产量的需要，水池及其设备的尺度大、体量大、占地广，成为水厂主要的风貌特色。

三是建筑与设施被古树绿植环绕。厂区内有 6 棵古树名木，常年覆盖大量绿色植被，包括近 200 年树龄的广玉兰、瓜子黄杨，以及一号车间建筑立面上包围的爬山虎，这些古树绿植形成水厂自然生态的景观氛围。

由英国工程师设计的水厂在建筑风格和细部样式上也颇具特色。一方面，建筑风格中西合壁。在英国传统哥特城堡样式的基础上，既保留了清水砖墙、红砖腰线等众多西式建筑元素，又融合了双坡屋顶、出檐口等中式传统建筑元素，巧妙体现了中西建筑风格的融合。另一方面，建筑细部精美精巧。例如，建筑檐口统一采用砖砌雉堞形式；门窗采用尖拱、马蹄拱等样式。强烈的冷暖色彩对比，以及建筑立面富有韵律、重复出现的装饰性元素，塑造了杨树浦水厂建筑群独特的整体形象。

杨树浦水厂厂区内水池 | © 陆建华

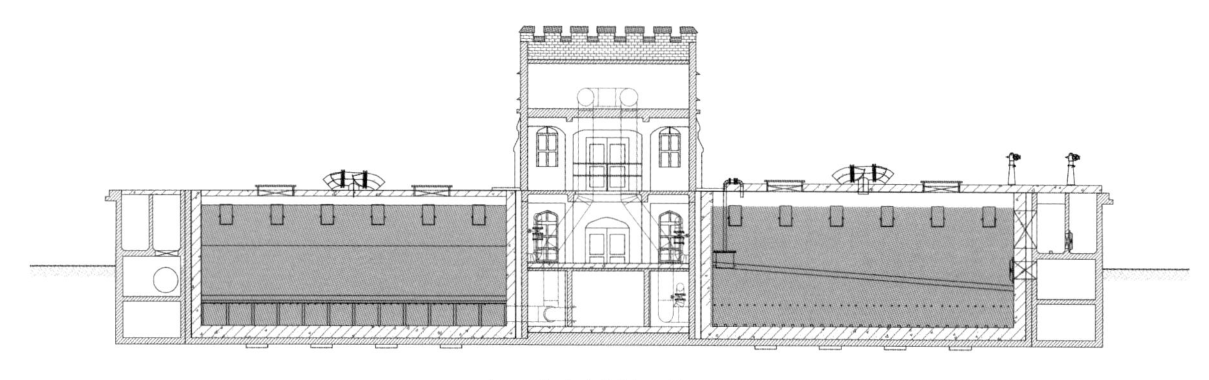

水厂丙组滤池修缮设计剖面图

水厂丙组滤池修缮设计西立面图

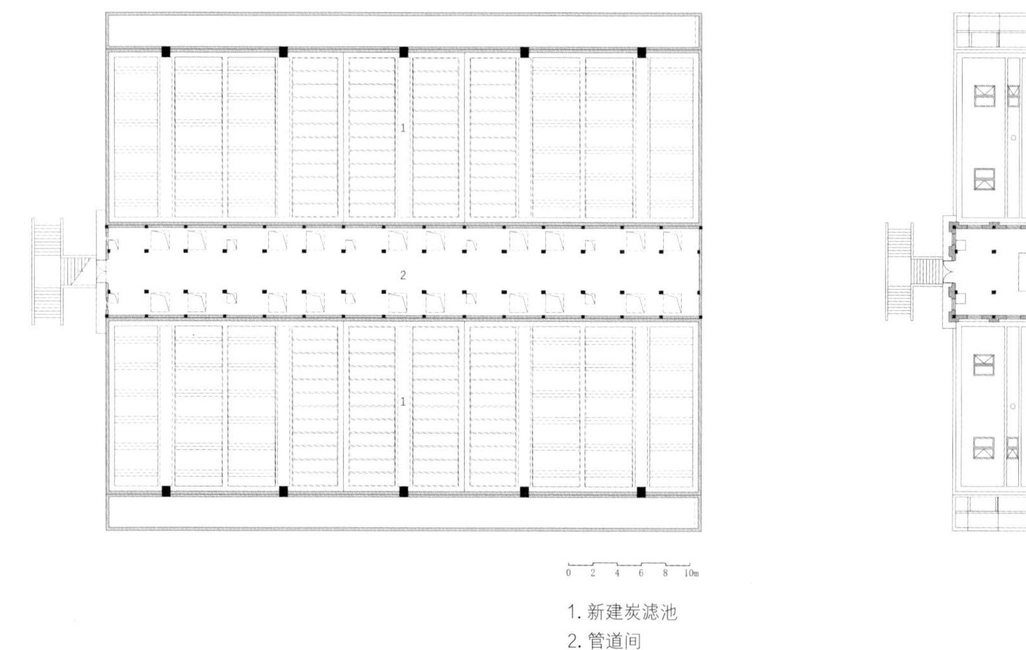

水厂丙组滤池修缮设计一层平面图

0 2 4 6 8 10m

1. 新建炭滤池
2. 管廊

水厂丙组滤池修缮设计二层平面图

厂区内古树 | © 上海市杨浦区文物局

按历史图纸复原的门窗 | © 付才

废旧设备和工作现场 | © 上海市政工程设计研究总院（集团）有限公司

保留下来的旧阀门

丙组滤池改造施工现场

3.1.3 保护利用策略

1. 保护修缮：精雕细琢，保护历史

早在建设之初，杨树浦水厂就达到当时世界领先的技术水平和产业规模，此后经过多次设备更新迭代和工艺优化改善，一直保持生产技术的先进性。2020 年，为进一步提升上海市民用水质量，杨树浦水厂启动深度处理改造工程，并在项目实施过程中充分尊重水厂的历史风貌、空间肌理和生态环境，确保水厂文物本体的安全性、真实性，以及历史建成环境的完整性。

在延续历史风貌和空间肌理方面，水厂适当降低产能，避免新设备对历史环境的破坏。为延续厂区生态环境，施工管控秉持“一树一保”的理念，为每一棵古树制订保护方案。此外，仍蕴含科学和历史价值的废旧设备被移至厂区公共空间，通过细致的清洁维护得到妥善保存和充分展示，再现百年水厂的厚重历史，加强水厂职工的文化认同和共鸣。

在文物建筑保护方面，做到既保护和尊重水厂的历史基因，又满足当代建筑的实用性需求。以丙组滤池为例，经过甄别，现状门窗和窗楣为后期更换，年代不详，细节破损缺失，历史价值不高。因此，修缮时拆除现有钢门窗，并按 1934 年的历史图纸复原，特别是钢窗和窗楣尽量恢复历史建筑形式细节——门窗做尖券，无门窗套，窗间和转角做扶壁柱。同时，新设计采用新技术，尽量提升门窗保温性能，在框扇之间增加密封条，提升水密性、气密性、抗风压性。

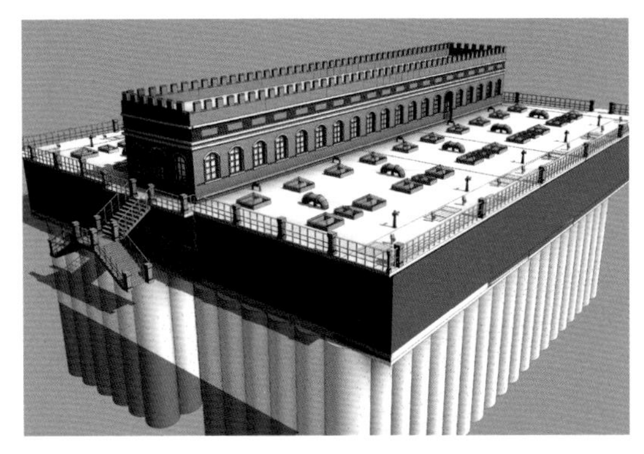

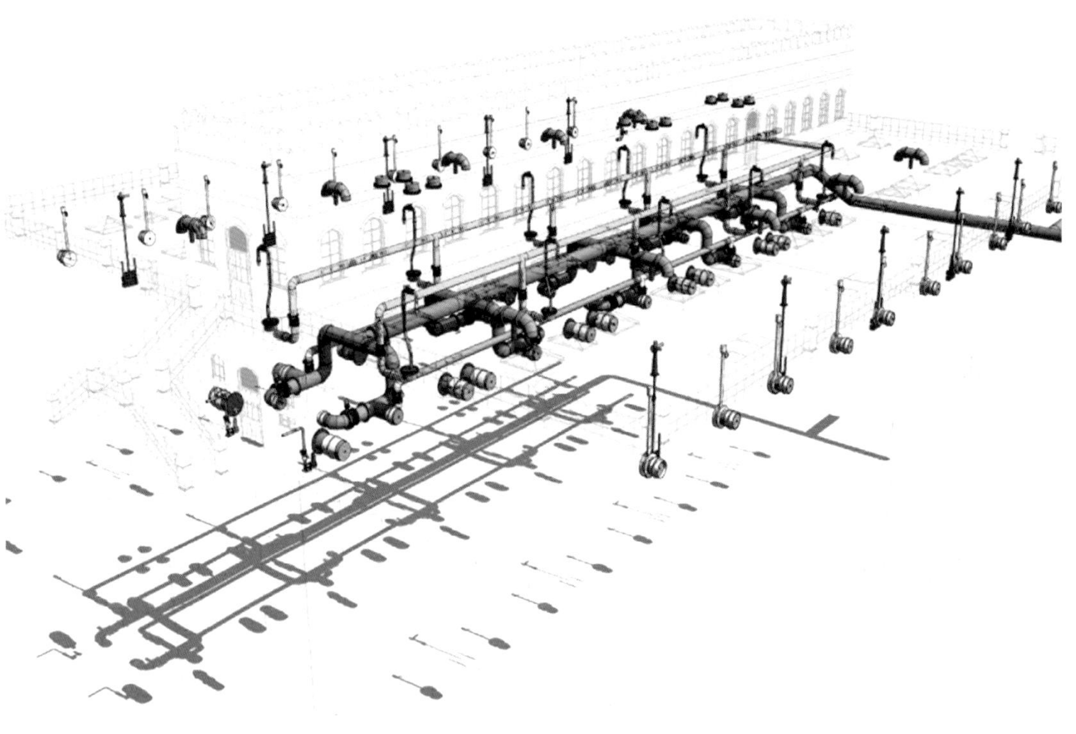

杨树浦水厂修缮工程中利用 BIM 技术服务项目设计和施工 | © 上海市政工程设计研究总院（集团）有限公司

另外，设计和建设团队通过全面的技术创新升级，保障水厂保护修缮方案的准确高效实施。一方面，结合倾斜摄影技术①，构建精细化 BIM 模型，整体管理场地信息，实现操作全真模拟。通过虚拟模型预知实施效果，清晰掌握管线的空间叠合关系和交汇节点，准确定位开孔尺寸和位置。另一方面，创新应用咬合桩、旋挖桩等“四新”（新技术、新设备、新材料、新工艺）施工技术，攻克了在文物保护单位内“边拆边建边运行”等诸多技术难题，使工期缩短近 6 个月。

2. 功能更新：顺应发展，全面升级

为了适应新时代发展和功能需求，杨树浦水厂在厂区内进行全面的功能更新。

首先，改造升级水厂内部的供水功能。改变制水工艺流程，对水厂内部设备进行一系列更新升级。比如丙组滤池的中部管廊室内管道，全部更换一层原有连通两侧水池的管道设备，并加固处理水池结构。两侧原砂滤池构筑物更新为封闭的活性炭滤池，大幅提升净水工艺水平。改造施工保留原池底、池壁和两侧水渠，拆除部分内隔墙，内部新增封闭的钢筋混凝土水池。水池顶面采用水泥砂浆白石子饰面，投料口采用不锈钢盖板，深灰色氟碳喷涂。通过改造升级，作为重要的历史遗存，丙组滤池重新焕发活力，成为水厂运营的重要组成部分。

其次是水厂外部的栈桥。作为杨树浦原有生产岸线向生活岸线转换的重要媒介，栈桥成为新时代水厂功能外拓的载体——不仅将工业特征和流程作为景观进行展示，还结合水厂处于生产运转中的特点，运用原水管道、备用取水口建筑和双层液氯码头等，创造新的使用功能。对于原水管道，放大其对应的栈桥位置形成观景广场，以观赏管道喷水泄压形成的工业景观。对于备用取水口建筑，连接栈桥与建筑立面，游客可近距离观赏到水厂建筑风格以及内部水处理系统。液氯码头具有双重功能：下层以生产功能为主，工作人员可直接进入；上层作为栈桥唯一的制高点，通过坡道与栈桥相连，可供游客充分观赏江景[2]。

① 倾斜摄影技术，是国际摄影测量领域近十几年发展起来的一项高新技术，即通过从五个不同的视角（一个垂直、四个倾斜）同步采集影像，以获取丰富的建筑物顶面及侧面的高分辨率纹理。它不仅能够真实反映地物情况，高精度地获取各表面的纹理信息，还可通过定位、融合、建模等技术，生成真实的三维城市模型。该技术在欧美等发达国家广泛应用于应急指挥、国土安全、城市管理、房产税收等领域。

3. 公共生活：开放界面，科普教育

杨树浦水厂栈桥的改造，成功贯通了滨江岸线最大的断点，实现杨浦滨江南段公共空间的全线贯通。在水厂滨江岸线上形成公共通道，为市民创造可同时观赏江景和水厂历史建筑的场所，并提供了独一无二的漫游体验。为充分发挥水厂作为市政基础设施兼工业遗产的科教价值，2003 年，水厂利用部分历史建筑建成上海自来水展示馆；2006 年，上海市科委与上海自来水市北有限公司联合投资，在原上海自来水展示馆的基础上提升完成自来水科技馆，并面向社会开放。在这座国内第一家以自来水为主题的科技馆中，展览从历史 · 源头、现代 · 科技和未来 · 规划三部分[3]，充分展示古典建筑与自来水先进科技的完美融合，为上海市民，尤其是青少年提供了解上海市政历史的独特场所。目前，上海自来水科技馆的科普功能正在进行功能提升和升级改造，将进一步提升科普内容的趣味性、互动性、易传播性，深度展示上海自来水的发展历程和文化内涵。

栈桥设计充分利用基础设施 | © 同济原作设计工作室

同水厂建筑相结合的液氯坡道 | © 同济原作设计工作室

3.1.4 保护利用成效

水厂的保护修缮和改造升级产生了多维度的社会经济效益。

一是推动了城市公共服务品质的显著提升。2008 年上一轮改造后，水厂深度处理净水规模和污泥处理规模均为 36 万立方米 / 日。改造工程新建规模 84 万立方米 / 日的深度处理系统和排泥水处理系统，改造后总规模均达 120 万立方米 / 日，惠及杨浦、虹口、普陀、闸北、宝山五个区，实现了这一范围内城区生活用水和工业用水水质的大幅提升。

二是强化水厂职工的身份认同和文化自豪感。通过持续的修缮、保护和更新，以及生产技术的迭代升级，百年水厂的历史风貌得以延续，生产能力也保持行业领先，几代水厂人的凝聚力和认同感持续增强。2023 年 8 月 1 日，杨树浦水厂迎来 140 周年生日，百余位水厂新老职工相聚一堂。身处历久弥新的百年水厂，水厂人为他们心中“与时俱进，永葆青春”的“最优的水厂”感到欣慰和骄傲[4-5]。

三是发挥百年水厂的教育科普作用。作为极具文化底蕴的工业遗产和人文景观，水厂本身就是市民了解百年城市供水发展史的媒介。随着自来水科技馆的建成以及更新提升，这一功能有了更为明确的空间载体，进一步得到发挥和加强。同时，水厂栈桥自开通以来，已成为杨浦滨江市民休闲散步、阅读建筑、了解历史的重要空间节点。在百年工业文明画卷与现代文明天际线之间，市民跨越时空，感受到历史变迁和时代脉动，并对人民城市理念有了更深切的认知和理解。

栈桥上包裹式休息廊棚 | © 同济原作设计工作室

参考文献

[1]《上海公用事业志》编纂委员会编 . 上海公用事业志 . 上海：上海社会科学院出版社 , 2000.

[2] 章明 , 王绪男 , 秦曙 . 基础设施之用　杨树浦水厂栈桥设计 [J]. 时代建筑 ,2018(2): 80-85.

[3] 上海自来水科技馆开馆 [J]. 城市公用事业 ,2006 (6): 26.

[4] 上海杨树浦水厂迎来 140 周岁生日　曾经"远东第一大水厂"走向数智化 .[Z/OL]. 中国新闻网，https://www.chinanews.com.cn/sh/2023/08-01/10053504.shtml.

[5] 水厂新老职工相聚一堂　共同为杨树浦水厂庆生 .[Z/OL]. 上海市杨浦区人民政府，2023-8-02.https://www.shyp.gov.cn/shypq/xwzx-bmdt/20230802/433801.html.

杨树浦电厂遗迹公园鸟瞰 | © 章鱼见筑

3.2 杨树浦电厂遗迹公园

上海工部局电气处新厂旧址码头

项目概况

项目地址	上海市杨浦区滨江南段近腾越路	建筑面积	34170 平方米（用地面积）
保护级别	/	建设单位	上海杨浦滨江投资开发（集团）有限公司
项目时间	2019 年	设计单位	同济大学建筑设计研究院（集团）有限公司原作设计工作室
原功能	码头和原料、废料运输		
现功能	公园、艺术展览、运动休闲、咖啡等	施工单位	上海建工机施集团

项目简介

杨树浦电厂遗迹公园位于上海市杨浦区滨江南段，西至原上海第十二棉纺织厂，东至原国营上海第十七棉纺织厂（今上海国际时尚中心）。场地内包含原杨树浦发电厂前区的转运站楼、取水泵坑、清水池，以及防汛墙以外的电厂煤码头和灰码头等工业遗存[1]，是杨树浦发电厂生产流程中的重要组成部分。

杨树浦电厂遗迹公园（简称“电厂遗迹公园”）的改造，充分尊重场地历史风貌和文化内涵，将电厂工业元素与杨浦滨江生态景观设施、时尚艺术活动相结合，使之成为市民休闲漫步和众多公共文化活动的举办场所。该项目荣获2019-2020年度建筑设计奖·历史文化保护传承创新一等奖，以及第11届罗莎·芭芭拉国际景观奖三项大奖之一“罗莎·芭芭拉大众奖”，这也是该国际知名奖项颁发22年来，首次有中国团队获此殊荣。

电厂遗迹公园改造前后航拍照片对比

改造前 | ©《杨树浦发电厂100周年纪念画册》

改造后 | © 章鱼见筑

① 同济大学建筑设计研究院（集团）有限公司原作设计工作室，章明，《杨浦滨江南段公共空间和综合环境（三期）工程》，2017年。

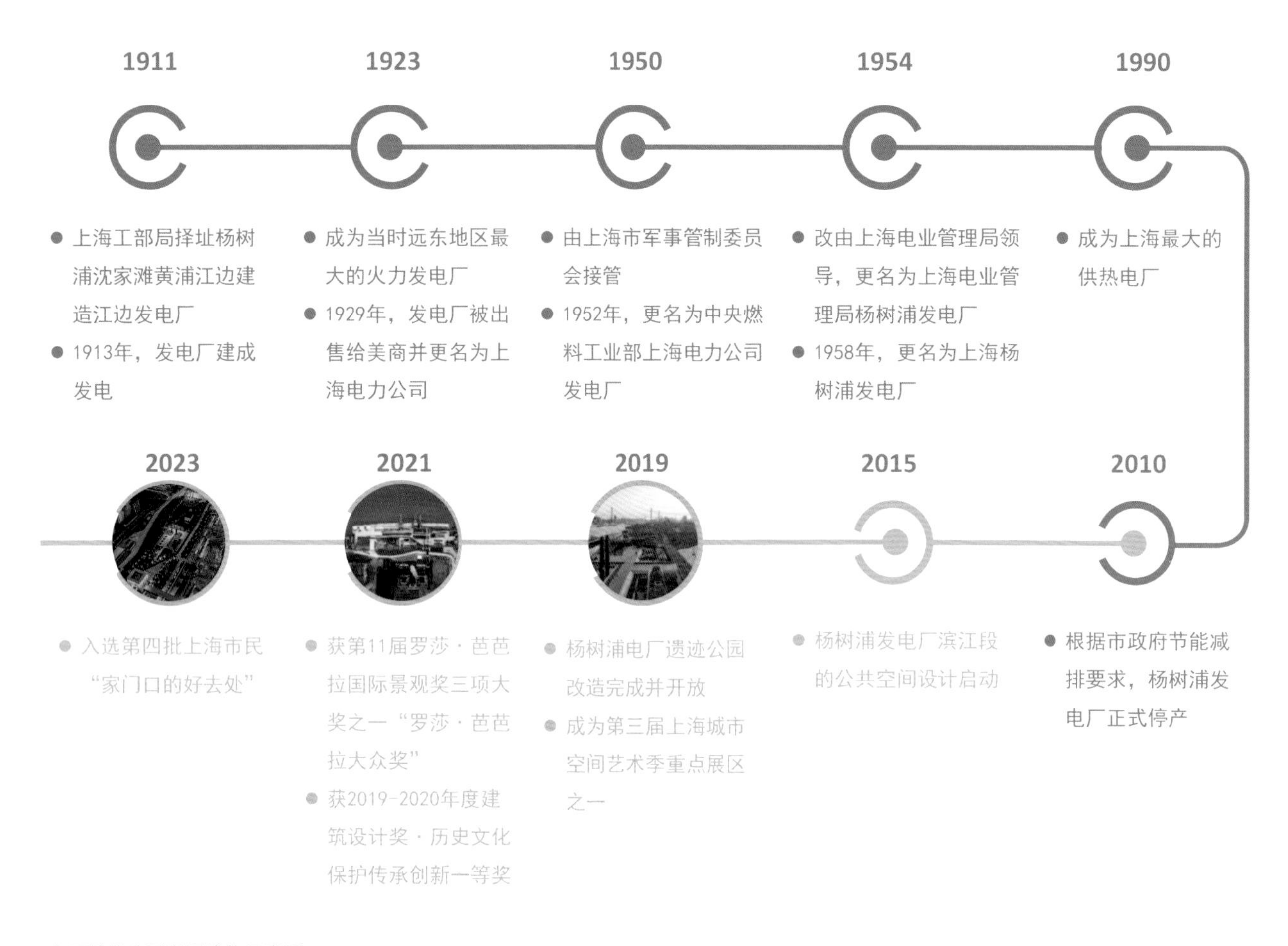

电厂遗迹公园发展脉络示意图

3.2.1 历史变迁

1893 年，公共租界工部局以 6.61 万两白银收购上海电气公司，成立上海工部局电气处。20 世纪初，上海工商业不断发展，原有的发电能力不能满足上海日渐增长的用电需求。1911 年，工部局电气处选址杨树浦沈家滩建设新的发电厂，于 1913 年 4 月 12 日建成发电，当时称“工部局电气处江边蒸汽发电站”[1]。以后多次扩建，至 1923 年电厂发电设备总容量超过 12.1 万千瓦，成为当时远东最大的火力发电厂。1929 年，工部局将电厂出售给美商并更名为“上海电力公司”。太平洋战争爆发电厂被日军占领，1945 年抗日战争胜利后归还美商经营。1950 年，上海市军事管制委员会对电厂实行军事管制，1952 年将其更名为“中央燃料工业部上海电力公司发电厂”。1954 年电厂改由上海电业管理局领导，更名为“上海电业管理局杨树浦发电厂”；1958 年再次更名为“上海杨树浦发电厂”。此后电厂经历多次改扩建和技术升级，至 1990 年成为上海最大的供热电厂，并逐步发展为电热联供、变送电兼备的多功能电力企业。[2] 1994 年“杨树浦电厂”被公布为上海市优秀历史建筑（第二批），2004 年被列为上海市文物保护单位。

2010 年，根据市政府节能减排的要求，杨树浦发电厂正式停产。2014 年《黄浦江两岸地区公共空间建设三年行动计划 (2015-2017 年)》发布，电厂滨江区域作为杨浦滨江贯通的重要组成部分，迎来生态修复和场所精神重塑的契机。2015 年底杨树浦发电厂滨江段的公共空间设计正式启动，2019 年建成开放，真正融入上海“一江一河”滨水公共空间之中。

杨树浦发电厂不同时期的远景照片

1929 年 | ©《杨树浦发电厂 100 周年纪念画册》

21 世纪初 | ©《杨树浦发电厂 100 周年纪念画册》

2019 年 | © 俞坚鸣

改造前场地鸟瞰 | © 同济原作设计工作室

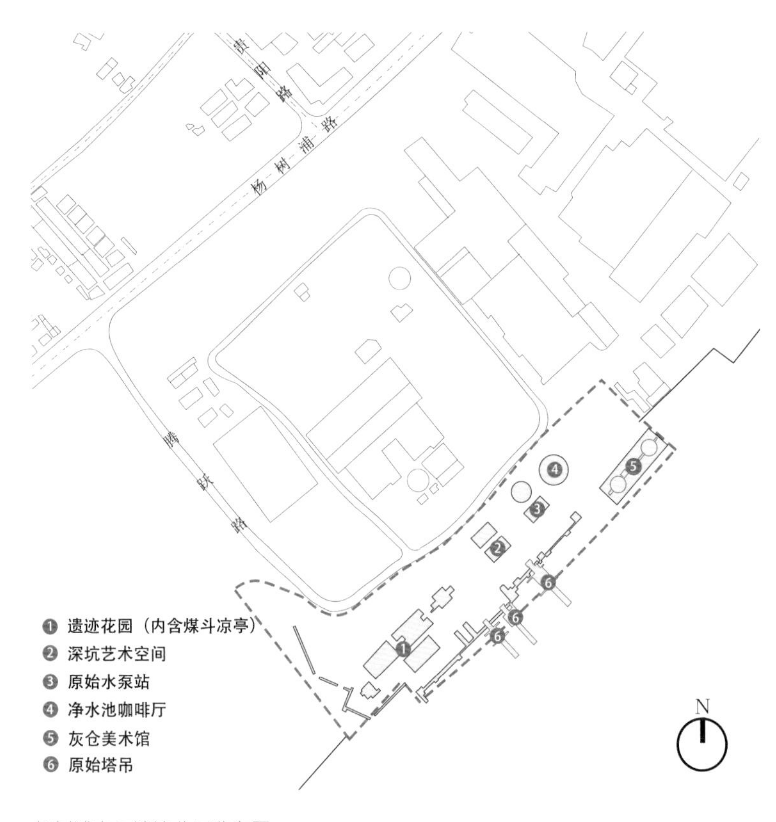

杨树浦电厂遗迹公园分布图

3.2.2 空间特征

电厂遗迹公园位于杨浦滨江南段的东部，原为杨树浦发电厂的前区和码头燃料区，场地岸线长度约 420 米，用地面积 34170 平方米。场地改造前留存大量超常规尺度的工业设施设备和原生植物，并有四组工艺流线。

杨树浦电厂滨江区域内有着大量具工业时代特征的痕迹：如塔吊卸煤机、储灰罐、输煤栈桥和转运站等工业建、构筑物，取水泵坑和净水池拆除后剩余的基坑，控制机械、码头吊轨道等多个工艺遗存特征物等。这些斑驳锈迹和残缺巨构彰显出电厂遗迹公园的沧桑氛围，也见证着杨树浦电厂的百年历史。场地内大量原生植被与电厂共同生长，已成为电厂历史中不可或缺的亲历者，也成为生产和仓储等工业空间之间的生态填充。

作为火电厂，杨树浦发电厂生产工艺复杂，流程繁多，尤其是作为原料和废料必经之处的滨江区域，具有多条工艺流线串联成网的系统性特征。其中四条主要的工艺流线构成场地空间的组织线索，即煤炭处理后输送至主机房进行燃烧加工的“煤工艺流线”、煤燃烧后的粉煤灰运出的“灰工艺流线”、取黄浦江水输入的“取水工艺流线”，以及废水净化处理后排走的“净排水工艺流线”。[3]

3.2.3 保护利用策略

电厂遗迹公园项目随黄浦江两岸公共空间贯通开放工程启动，在“还江于民”的理念下，对原电厂滨江区域进行生态化和艺术化改造。项目基于前期详实的现场调研和评估，保留了场地内大量承载电厂历史信息和具有工业美学价值的建、构筑物。同时通过对场地肌理脉络的梳理、空间路径的整合、工业景观的重塑以及人性化的管理等，将原废弃厂区转型为多功能叠合、开放共享的滨水开放空间。

改造前场地内的工业遗存 | © 同济原作设计工作室

干灰储灰罐与塔吊卸煤机

输煤栈桥、输煤转运站与取水泵坑

控制机械

码头吊轨道

高桩码头泻浮

1. 记忆再现：延续场地脉络，工业元素重置

电厂遗迹公园的改造以工艺流线为线索，对厂区空间和工业遗产进行系统化梳理，在尊重原有场地脉络的基础上，以新功能和新形式延续历史工艺流线。同时通过保留、重组与再构旧有工业元素，实现工业文化地景的再生。

对于工艺流线上留存的建、构筑物，采取整体保留的方法并进行功能更新。例如原3号输煤转运站属于“煤工艺流线”，改造为“杨树浦驿站”，内部设置党建服务报告厅、电厂历史展览厅以及卫生间等公服设施，成为游客停留的中转站。原干灰储灰罐属于“灰工艺流线”，改造过程中保留储灰罐黄灰色相间的金属立面特征，变身为灰仓艺术空间，兼具交通和展览功能。取水泵坑原属于“取水工艺流线”，内部空间打造为“泵坑艺术空间”，可容纳艺术展演、攀岩等多种活动。此外，一些废弃设备也得到重新利用。如自原有建筑中拆除下来的三个3米×3米煤漏斗，经上下倒置，覆盖于一方池塘之上，作为休憩凉亭之用；2个控制阀改造为水池的循环水泵；泵坑清淤轨道车改造为双层儿童游乐设施，等等，构建新旧共融的空间新体验。

对于工艺流线上已拆除的建、构筑物，通过保留和展示其地下结构，再现场地的记忆线索。例如原属于“煤工艺流线”的燃料车间建筑已经拆除，通过下挖完整呈现原建筑基础轮廓，并打造成为遗迹花园，以场地肌理延续场地记忆。原属于“净排水工艺流线”的净水和储水装置也已拆除，其中一处改造为净水池咖啡厅，在原有基坑的基础上设置轻薄的混凝土劈锥拱结构屋面，以点式细柱落在原始基坑外圈[4]，呈现出历史与当代的交融。咖啡厅利用场地高差使得室内的人们既能透过柱间的开口瞥见一旁的净水池水面，又能抬头望见高耸入云的标志性烟囱，从而将参观者引入独特的空间休验之中。

场地内废弃的工艺流线（2015 年）| © 同济原作设计工作室

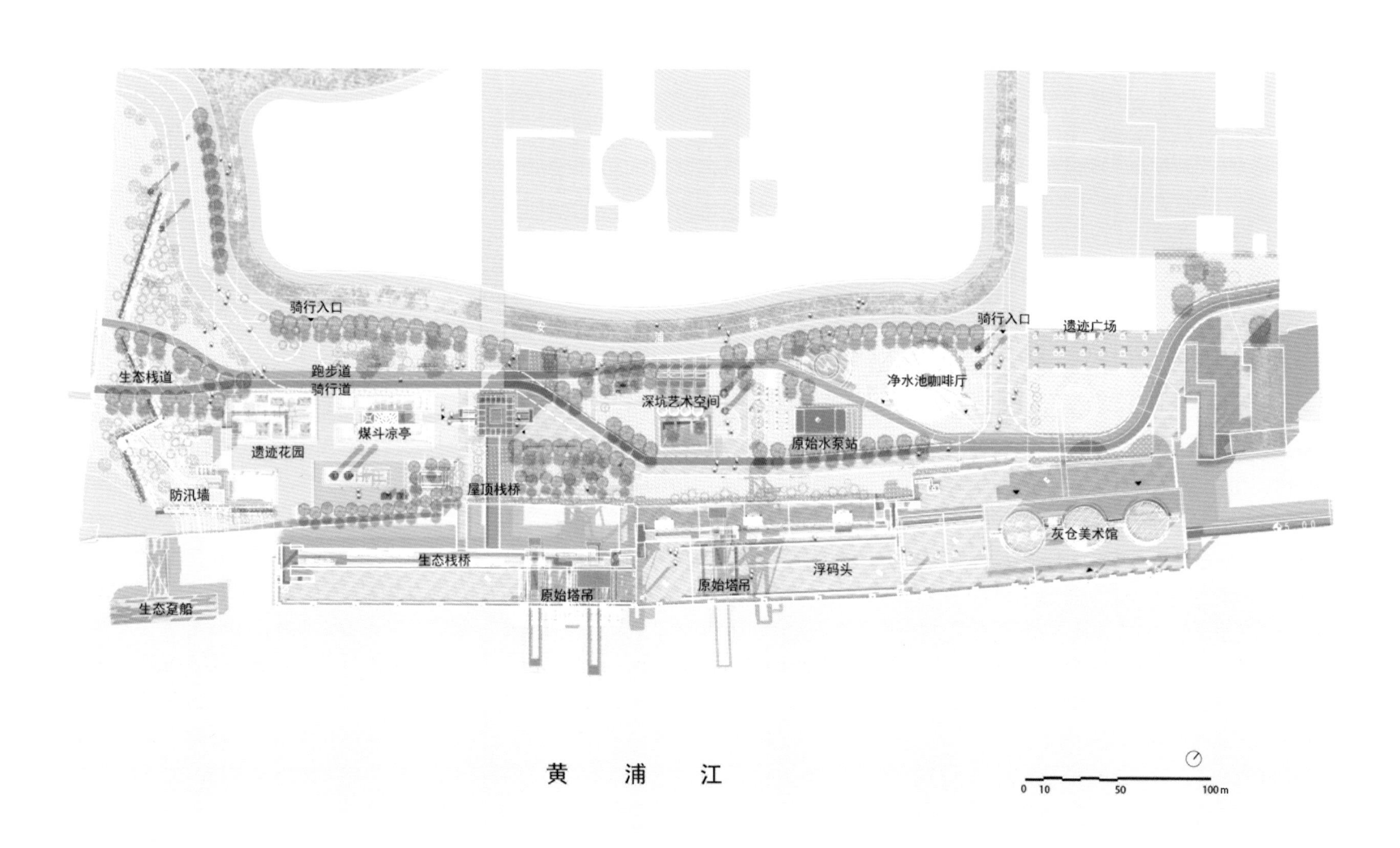

电厂遗迹公园设计总平面图 | © 同济原作设计工作室

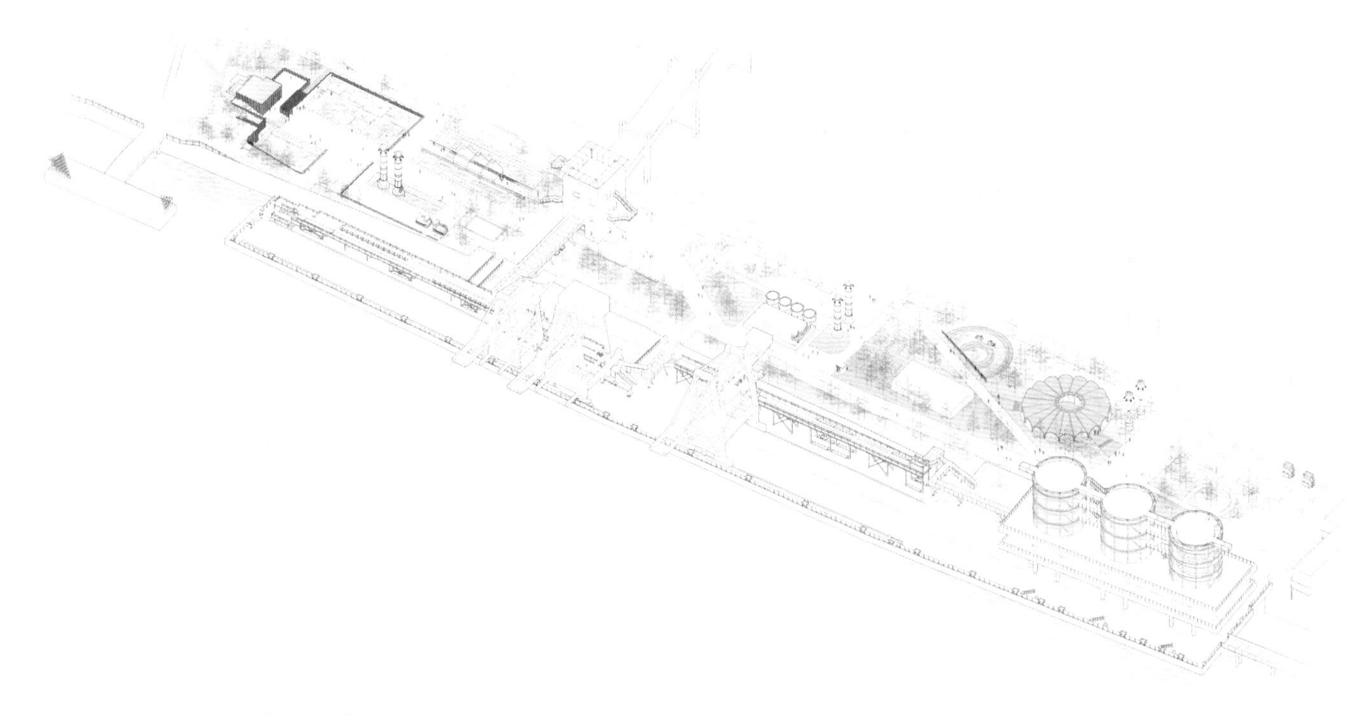

电厂遗迹公园设计轴测图 | © 同济原作设计工作室

2. 空间设计：联通城市系统，营造开放体验

立足“还江于民”的理念，电厂遗迹公园打破原电厂封闭围墙造成的“临江不见江”的阻碍，将公园流线与滨江道路相连，并打造骑行道、慢跑道、漫步道三道并存的城市公共空间，以开放的姿态将市民引入公园。其中，原输煤栈桥经保留改造为两层观光平台，由此建设的两层空中步道体系成为场地新的叠合线路。两层步道不仅有效地将防汛墙前后空间连为整体，还将原干灰储灰罐（现灰仓艺术空间）及 3 号转运站（现杨树浦驿站）串联成系列，为远期整体空中步道体系与发电厂主机房相连通预留了可能。同时，电厂遗迹公园设置两处入口广场，与滨江骑行道和慢跑道相连接，改善周边社区居民进入电厂遗迹公园的可达性，重塑滨江景观层次和空间体系。

3. 生态景观：彰显工业美学，重构生态环境

秉承“低维护、低冲击”的在地性原则，突破普通公园“干净秀丽”的标准，电厂遗迹公园充分挖掘场地的历史信息，以多种手段重构生态环境功能，呈现出别具特色的工业美学风格。

雨水湿地与雨水花园：位于场地西侧的遗迹公园利用原建筑基础，通过注水种植形成四块雨水湿地。雨水湿地采用低影响开发（Low Impact Development， LID）和海绵城市理念，形成“蓄水—渗水—滞水—净化水—使用水—排放水”整套水循环系统。[4] 原净水池的另一个基坑转化为雨水花园，配合植物种植成为生态系统的重要节点。雨水花园既能净化水质，在大雨时又能起到调蓄降水、滞缓雨水排入市政管网的作用。

建筑界面与地面：公园内建筑的界面采用垂直绿化与屋顶绿化的方式，如在原 3 号转运站（现杨树浦驿站）的改造中，地面与顶面均种植爬藤植物，使建筑环境更绿色环保的同时，建筑也可以随时间和季节变化呈现出动态的表情。[3] 公园的地面也得到精心处理以维持原状，运用抛丸固化工艺（清理和强化表面），适度保留大部分原混凝土地面连同其表面的时间痕迹，并获得品质的提升。

植物配置：公园在改造过程中最大限度地保护和留存场地原生植物，并以野生化的植物配置复原场地生态环境。所有苗木均为本土植物，其中下木以紫穗狼尾草、矮蒲苇、芒草等观赏草为主，乔木选择水杉、枫树、银杏树、栾树等色叶树，具有野趣特质的植物与电厂原有的废墟氛围相互映衬。[3]

杨树浦驿站改造前后对比

改造前的输煤转运站 | © 同济原作设计工作室

改造后的杨树浦驿站 | © 章鱼见筑

灰仓艺术空间改造前后对比

改造前的干灰储灰罐 | © 同济原作设计工作室

改造后的灰仓艺术空间 | © 章鱼见筑

泵坑改造前后对比

改造前的泵坑蓄水池 | © 同济原作设计工作室

改造后的泵坑艺术空间 | © 章鱼见筑

煤斗亭改造前后对比

改造前的煤漏斗 | © 同济原作设计工作室

改造后的煤斗凉亭 | © 章鱼见筑

遗迹花园改造前后对比

改造前的原燃料车间地基 | © 同济原作设计工作室

改造后的遗迹花园 | © 章鱼见筑

净水池改造前后对比

改造前的净水池老基础 | © 同济原作设计工作室

改造后的净水池咖啡厅 | © 章鱼见筑

净水池生态景观改造前后对比 | © 同济原作设计工作室

改造前的净水池基坑

改造后的雨水花园

输煤栈桥改造前后对比图 | © 同济原作设计工作室

改造前

改造后

骑行道、慢跑道、漫步道 | © 同济原作设计工作室

二层步道体系 | © 章鱼见筑

4. 管理运营：结合公众需求，管理持续升级

自开园以来，杨树浦电厂遗迹公园始终坚持“以人民为中心”理念，倾听使用者（特别是老年人和儿童）的需求，并根据公众的意见及时反馈，认真改进，有效提升全园的服务环境以及服务品质。如针对杨浦区人大代表提出的滑梯高度和女厕位进深等具体建议，负责公园日常管理的杨浦滨江集团都进行了积极且及时的整改，并且举一反三、梳理排除场地中可能出现的类似问题，于细微处彰显无处不在的人文关怀。

雨水湿地 | © 同济原作设计工作室

公园内丰富的植物景观｜ © 同济原作设计工作室

3.2.4 保护利用成效

自 2015 年底杨树浦电厂遗迹公园项目启动以来，历经四年，原来污染严重、闲人免入的电厂滨江区域转变为生态共生、艺术共享的亲水公共岸线，废弃厂区转型为城市工业文化地景。该项目在恢复城市生态的基础上，促进了周边地区产业升级与城市更新，改善了城市公共服务，为滨水工业岸线再生提供了有意义的示范。[5]

电厂遗迹公园 2019 年建成之初，即成为第三届上海城市空间艺术季的重点展区之一，多名艺术家利用公园内独特的工业场景和建、构筑物遗存进行创作。例如，英国艺术家理查德·威尔逊（Richard Wilson）利用废弃货船重构而来的《黄浦货舱》（*Huangpu Hold*），瑞士艺术家费利斯·瓦里尼（Felice Varini）依托江边卸煤机塔吊创作的《起重机的对角线》（*Set of Diagonals for Cranes*），等等。

自建成开放以来，电厂遗迹公园成为众多公共文化活动举办的场所。其中杨树浦驿站电厂党群服务站举办的“四史”教育、童画杨树浦、“复兴集”系列演讲、城市导览志愿服务计划等多类活动，让市民游客们在休闲的同时感受红色工运文化；灰仓艺术空间举办国际大牌美妆展、创新 BMW“狂想奇境”等各种艺术展览和活动。此外，公园内还经常举办各类定向赛和健步走等市民健身活动。2023 年 8 月，杨树浦电厂遗迹公园入选第四批上海市民“家门口的好去处”。

公园内对原有车间场地肌理、工业设施设备的保留利用，使得集体记忆得到延续。昔日的废弃厂区成功转化为一个历史与当下、工业与艺术、机械与人文对话交流的平台，以广泛的适用性和极高人气获得良好的社会效益。

公园内的公共服务设施 | © 同济原作设计工作室

由清淤车改造的儿童游乐设施

工业风的公共厕所

电厂遗迹公园内的公共艺术品 | © 田方方

艺术作品“黄浦货舱”

艺术作品“起重机的对角线”

电厂遗迹公园中受公众欢迎的活动场所 | © 章鱼见筑

电厂遗迹公园夜景｜ © 童宝兴

参考文献

[1] 《上海杨树浦发电厂志》编纂委员会编 . 上海杨树浦发电厂志 1911-1990[M]. 北京：中国电力出版社 ,1999：1.

[2] 《上海杨树浦发电厂志》编纂委员会编 . 上海杨树浦发电厂志 1991-2005[M]. 北京：中国电力出版社 ,2007：1.

[3] 章明 , 秦曙 , 鞠曦 . 工业文化地景的叠合再生——以上海杨树浦电厂遗迹公园为例 [J]. 当代建筑 ,2021(4):22-27.

[4] 秦雯 , 章明 . 时间的剖断面——上海杨树浦电厂遗迹公园 [J]. 城市环境设计 ,2023(1):315-320.

[5] 章明 . 锚固与游离——杨树浦电厂遗迹公园 [EB/OL]. http://www.chinajsb.cn/html/202201/12/25150.html, 2022-01-12.

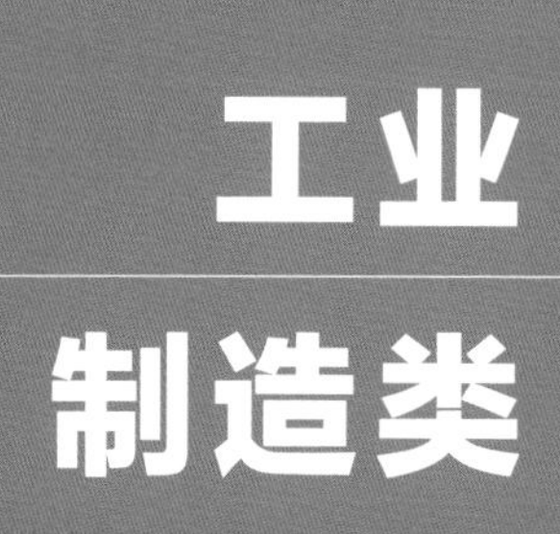
工业
制造类

上海国际时尚中心鸟瞰 | © 金茂昌

4.1 上海国际时尚中心

裕丰纺织株式会社旧址

项目概况

项目地址	上海市杨浦区杨树浦路 2866 号	建筑面积	约 14.1 万平方米
保护级别	上海市文物保护单位	建设单位	上海纺织控股有限公司
项目时间	2009 -2016 年	设计单位	华建集团华东都市建筑设计研究总院
原功能	纺织厂		法国夏邦杰建筑设计事务所（合作设计）
现功能	文化、旅游、商业	施工单位	上海申创建筑工程有限公司

上海国际时尚中心 4、6 号楼过道修缮前后对比 | © 上海国际时尚中心

修缮前（2009 年）

修缮后（2013 年）

项目简介

上海国际时尚中心，位于杨树浦路 2866 号，东起定海路及复兴岛运河，西至内江路、杨树浦发电厂，北靠东外滩一号国际滨江城，南临黄浦江，拥有近 400 米长的江岸线。其前身是 1920 年代初由日商筹建的裕丰纱厂。这座曾被称为上海纺织界“巨无霸”的工厂，见证了上海纺织乃至中国纺织业的发展和变迁。2007 年工厂搬迁后，原厂区留下一批重要的历史建筑。为积极响应政府“退二进三”的相关政策①，上海纺织集团决心对其进行功能重塑：以纺织业为基础，引入时尚文化主题，打造与国际时尚业界互动对接的地标性创意园区，即“上海国际时尚中心”[1]。

历经数年的保护更新、产业植入和品牌运营，原厂区实现了从传统生产空间向综合创意园区的华丽转身，成功完成从“创意产业”到“产业创意”的二次发展。同时突破传统创意园区运营模式，加速“厂区—园区—社区 - 城区”的迭代升级[2]，将百年建筑的历史内涵与现代时尚的文化底蕴巧妙融合。

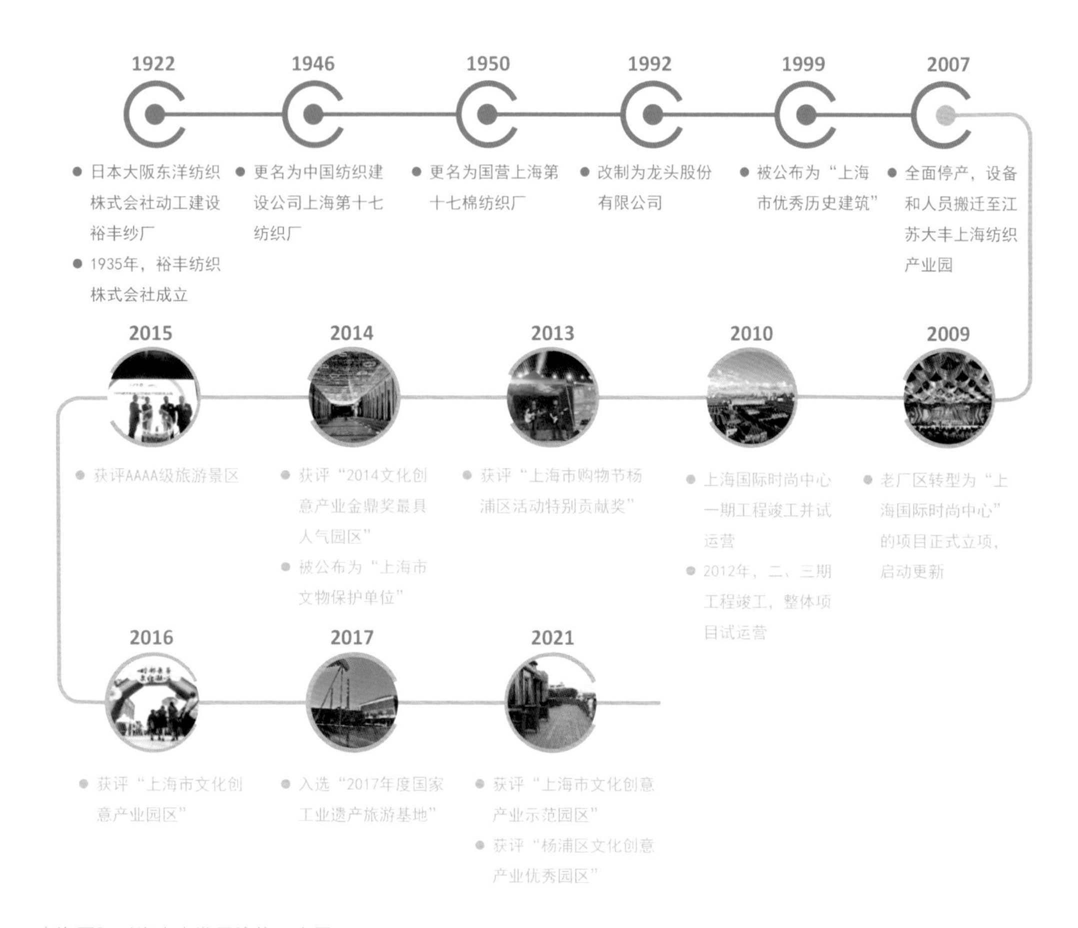

上海国际时尚中心发展脉络示意图

① 1991 年 4 月，上海市九届人大四次会议上通过《关于上海市国民经济和社会发展十年规划和第八个五年计划纲要的报告》，明确指出要大力发展以商业、外贸、金融保险等为重点的第三产业，增强中心城市的综合功能。1992 年 12 月，在上海市第六次党代会上，市委书记吴邦国提出，调整产业结构必须按照“三、二、一”发展顺序。1993 年初，市经委在制订的 1993 年上海工业工作要点中指出，要积极发展第三产业，对市区企业利用土地级差地租，通过批租、联建、改造，发展“三产”，对长期亏损、扭亏无望以及污染严重的企业可以结合关停并转，转“二产”为“三产”等。见：黄金平，王庆洲等主编 . 上海经济发展三十年 [M]. 上海：上海人民出版社 , 2008.

4.1.1 历史变迁

上海国际时尚中心前身是日本大阪东洋纺织株式会社设在上海的工场，于 1922 年开始动工建设，最初定名为裕丰纱厂。至 1935 年，逐渐扩充至 6 个工场，于是改为独立组织，定名为裕丰纺织株式会社，以生产著名的“龙头细布”为主。抗日战争胜利后，工厂由国民政府接收，1946 年更名为“中国纺织建设公司第十七棉纺织厂”。上海解放后，工厂由市军管会接管，1950 年更名为“国营上海第十七棉纺织厂”(简称“国棉十七厂”)。1980 年前后，国棉十七厂的发展达到全盛时期，工厂职工有近万人，是全国首家批量生产棉型腈纶针织纱的企业。[3]1992 年国棉十七厂改制为“龙头股份有限公司”，以增加企业后劲。1999 年“裕丰纺织株式会社旧址”被公布为上海市优秀历史建筑（第三批）。

随着市场经济发展以及上海“退二进三”产业政策的推进，棉纺织业受到巨大冲击。为配合上海制造业结构性转移，2006 年上海纺织（集团）大丰纺织有限公司成立，2007 年国棉十七厂全面停产，设备和人员陆续搬迁至江苏大丰上海纺织产业园。2009 年国棉十七厂转型为“上海国际时尚中心”项目正式立项并开始动工，次年一期工程竣工；2011-2012 年，二期、三期工程完工，整体项目试运营。[4]2014 年“裕丰纺织株式会社旧址”被公布为上海市文物保护单位。自运营以来，上海国际时尚中心承办了各类丰富多彩的活动，并获得多项荣誉。

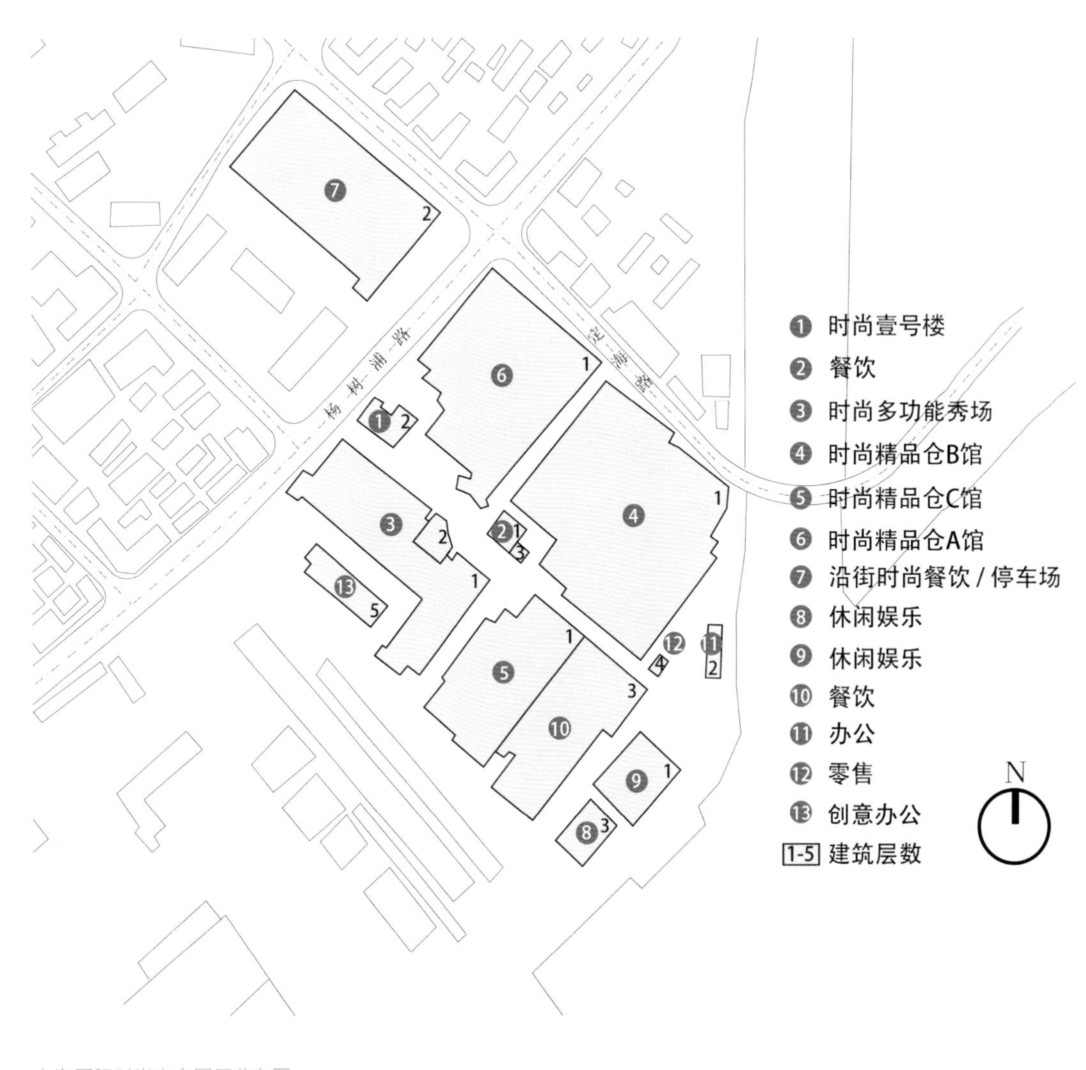

上海国际时尚中心园区分布图

4.1.2 空间特征

上海国际时尚中心位于原杨树浦工业带的东端，恰处黄浦江拐点，其特殊的地理位置使其成为杨浦滨江的一个重要节点。原厂区建筑由日本建筑师平野勇造（1864-1951）设计，整体呈现出“一厂两区、锯齿红砖”的空间布局和建筑风貌特征。

1. “一厂两区”的空间布局

整个厂区以杨树浦路为界，分为南北两区。南区占地近 9 万平方米，1922-1934 年间先后建有办公楼（1 号楼）和四个分场——即 3 号楼（第一工场）、5 号楼（第二工场）、6 号楼（第三工场）和 4 号楼（第四工场），以及锅炉房和水塔（2 号楼）、仓库（8、9号楼）等配套设施。北区占地约 3 万平方米，1934 年建设并于次年竣工，主要为一座两层封闭式厂房，车间内采光、通风、温湿度均由人工控制，是当时少数几个空调车间之一。在此后数十年的发展中，南区新增了车间和库房（10—13 号楼），但“一厂两区”的总体格局始终延续。

裕丰纺织厂南、北区总平面图历史图纸 | © 上海国际时尚中心

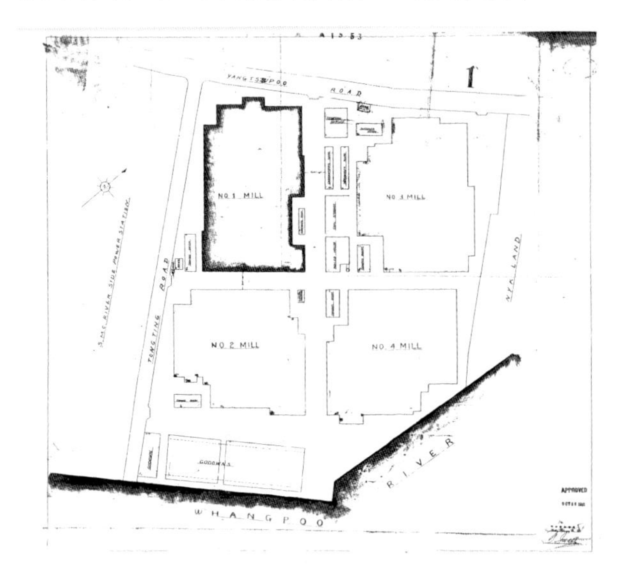

工厂南区总平面图（1921 年）

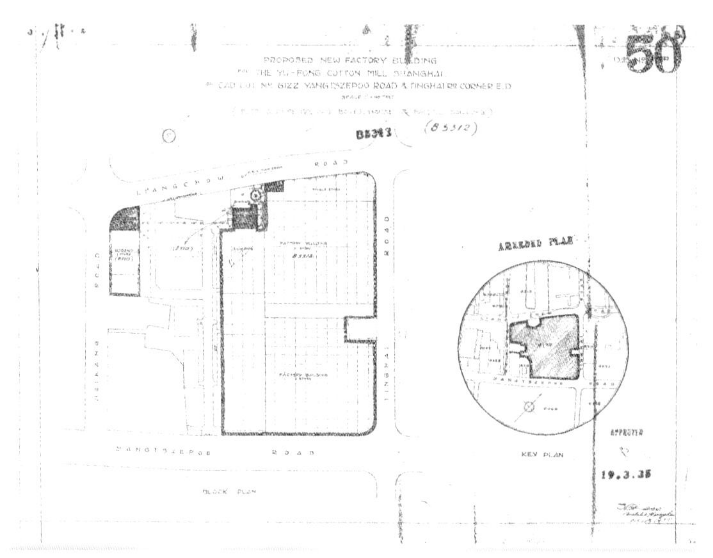

工厂北区总平面图（1935 年）

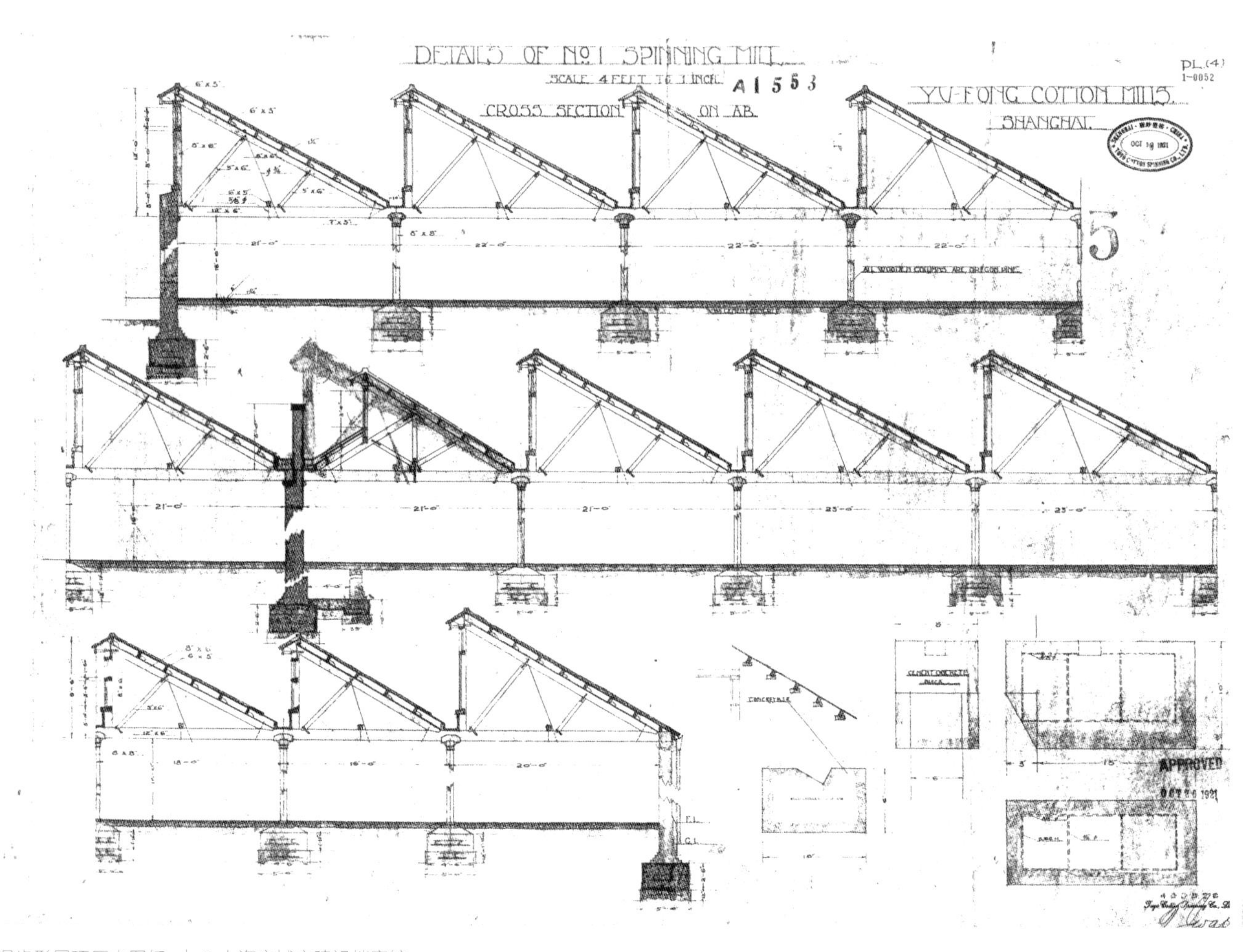

锯齿形屋顶历史图纸 ｜© 上海市城市建设档案馆

入口广场 | © 同济大学超大城市精细化治理（国际）研究院

中心时尚广场 | © 上海国际时尚中心

2.“锯齿红砖”的建筑特征

厂区内（以南区为主）保留有大片锯齿形厂房，除第一工场建厂较早为砖木结构外，其余分厂均采用钢架钢柱。这些建筑充分体现纺织工业生产特点：厂房跨度较大、平面方正，多为单层；屋顶采用锯齿形并有着独具特色的红瓦，屋面连续天窗大多朝东，在保证室内有充足采光的同时避免阳光直射；外立面以红砖面层为主，墙体多设砖墩且嵌有各式排气扇。这是上海市区目前保留下来最完整、最具规模的锯齿形厂房建筑群[5]，建筑风格具有鲜明的时代特征。

4.1.3 保护利用策略

空置的国棉十七厂厂区转型为时尚主题的园区，运用适宜、灵活的保护性修缮策略，在保留工业遗产建筑特征的同时提升使用性能，塑造连续贯通、充满活力的公共空间，并注入多种时尚元素和相关功能。

1. 功能更新：精心策划，时尚转型

上海国际时尚中心以国棉十七厂的历史建筑和文化底蕴为基础，以国际时尚潮流为先导，成为集时尚体验、时尚文化、时尚创意、时尚休闲等多种时尚元素为一体的活力迸发之地。从“国棉十七厂”到“上海国际时尚中心”，旧厂房的重生是上海纺织工业在新世纪全面转型的缩影，更是一次依托工业遗产，打造新兴时尚产业的成功探索。

根据原厂区的空间特色，南区将时尚精品仓、时尚秀场、时尚办公、时尚休闲等功能进行合理布局规划。园区在招商运营过程中，结合前期功能构想以及市场发展的实际需求，不断引入具体业态：时尚精品仓（4、5、6 号楼）占地最大，位于园区中部区域，聚集近 200 个国内外知名品牌。时尚秀场（3 号楼）位于杨树浦路入口，包括展厅、序厅、主秀场、后台、报告厅等多种功能空间，为上海乃至国际时尚产业提供交流平台。时尚办公楼（13 号楼）紧邻杨树浦路，交通便捷。时尚休闲位于主要步行轴线及滨江沿线，涵盖类型较多——1 号楼植入接待、餐饮、休闲娱乐等复合功能；2 号楼以餐饮功能为主；10 号楼引入“格莱美婚礼宴会中心”；9 号楼引入“珍得巧克力剧院”，成为亲子互动和多角度体验巧克力文化的科普实践基地；8 号楼一楼开设党群服务驿站，通过多媒体等展示上海国际时尚中心的前世今生。2012 年，著名舞蹈家金星的舞蹈工作室落户上海国际时尚中心，近年来又将其直播间设于 3 号楼内，增强了园区的文化艺术氛围。此外，北区将原厂房建筑改造为停车场，并在沿街面配套餐饮娱乐功能，满足游客及周边居民的停车以及日常生活需求。

2. 空间营造：公共开敞，活力绽放

上海国际时尚中心园区内不仅保留了大量颇具特色的工业建筑，还曾充斥着各个年代临时搭建的棚屋。项目启动之初，以 1935 年形成的空间格局为依据，详细调查和梳理评估既有建筑，拆除部分非保护建筑作为广场、步行巷道等，构建高品质的公共空间网络。同时，为提高园区空间的可达性和通透性，拆除工厂的封闭围墙，鼓励游客从多个路径进入园内，整个园区融入到城市发展格局之中。

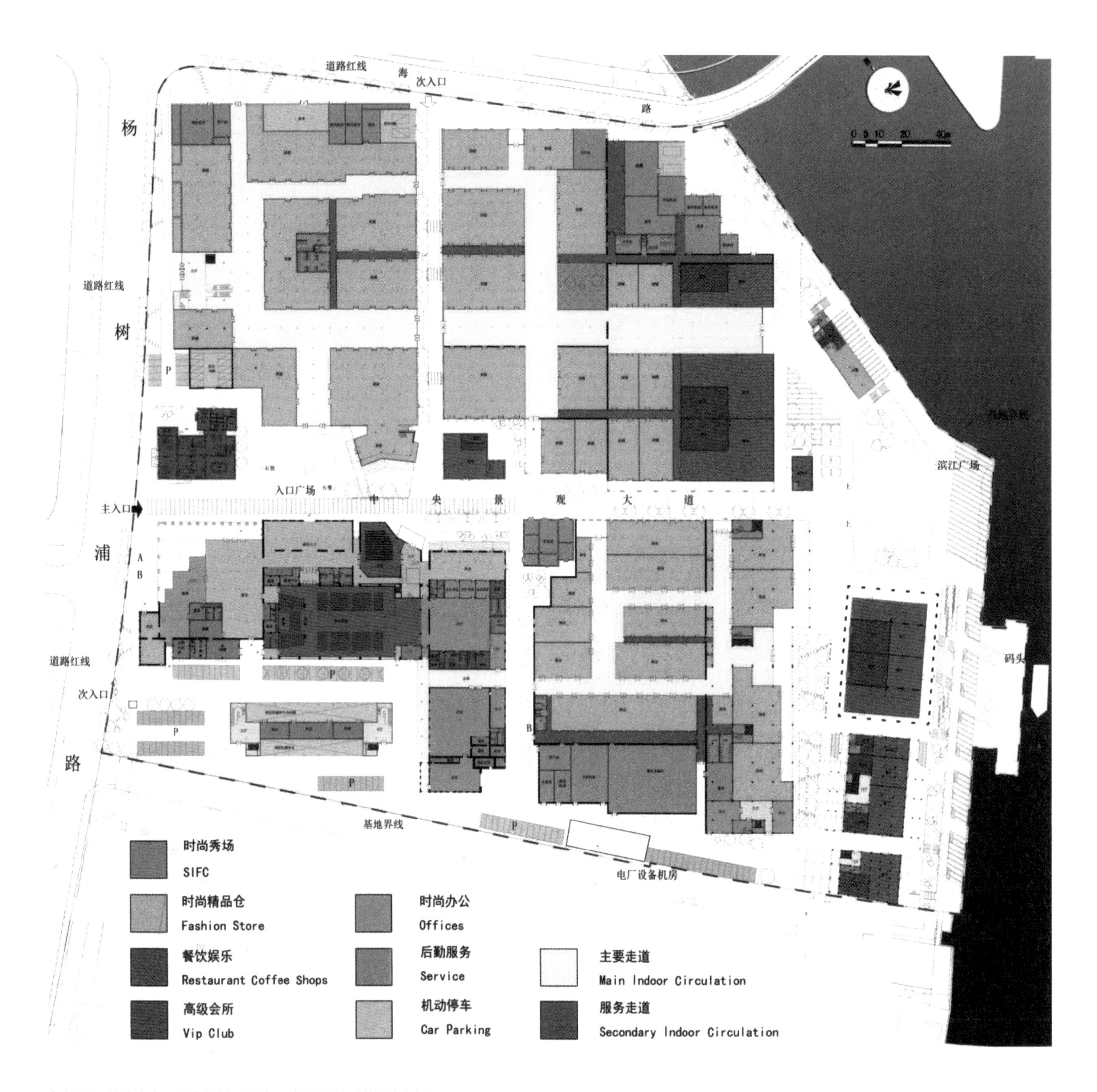

上海国际时尚中心南区规划功能布局图 | © 法国夏邦杰建筑设计事务所

3 号楼南立面修缮前后对比｜ © 上海国际时尚中心

修缮前（2008 年）

修缮后（2018 年）

10 号楼厂房修缮后金属网表皮｜ © 同济大学超大城市精细化治理（国际）研究院

精品仓 B 室内 | © 上海国际时尚中心

杨树浦驿站 | © 上海国际时尚中心

北区厂房转型为停车及餐饮功能 | © 同济大学超大城市精细化治理（国际）研究院

3 号楼序厅内用织布梭制成的钟 | © 同济大学超大城市精细化治理（国际）研究院

3 号楼秀场大门的“编织”肌理 | © 同济大学超大城市精细化治理（国际）研究院

一、步行网络。通过前期梳理，南区形成一条连接杨树浦路与黄浦江岸的主要步行轴线，成为激发上海国际时尚中心活力的核心空间。这条轴线自北向南向串起三大广场节点，一些小型步行巷道或小广场与三大广场相连。[1] 主要步行轴线选用红砖与石材铺地，与厂房红砖立面形成呼应，其余小型步行巷道也多采用砖石材质。步行路径沿线布置许多可供休憩的座椅和富有艺术感的绿化景观，以友好包容的姿态迎接市民的到来。

二、三大广场。南区轴线串联的三大广场分别为入口广场、中心时尚广场以及滨江休闲广场。入口广场位于杨树浦路沿线，一侧的锯齿形厂房打造成半开放的过渡空间，以柔和的边界连接街道与园区。该空间在裸露厂房原有的木结构屋架的基础上，新设玻璃屋顶代替原有的瓦片屋顶，为室内引入天空的景观与充足的阳光。开放的连续柱廊、延伸的木制地面，引导行人与游客走进园区。中心时尚广场位于轴线中部，是园区重要的公共活动空间。滨江休闲广场位于轴线尽端，为兼顾防汛与观景功能，采用抬高的形式，并设置层层跌落的水池和一处以张拉膜结构遮阳的平台。滨江休闲广场平台铺地采用连续的大面积

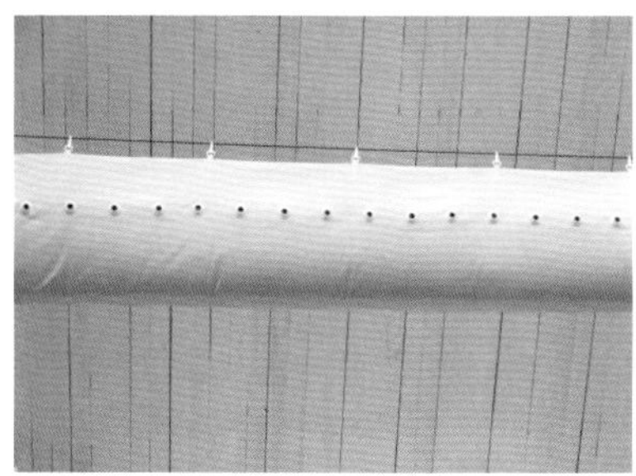

3 号楼秀场序厅中的“布袋风管”设备 | © 同济大学超大城市精细化治理（国际）研究院

南区入口修缮前后对比 | © 上海国际时尚中心

修缮前

修缮后（2018 年）

北区入口修缮前后对比 | © 上海国际时尚中心

修缮前（2008 年）

修缮后（2018 年）

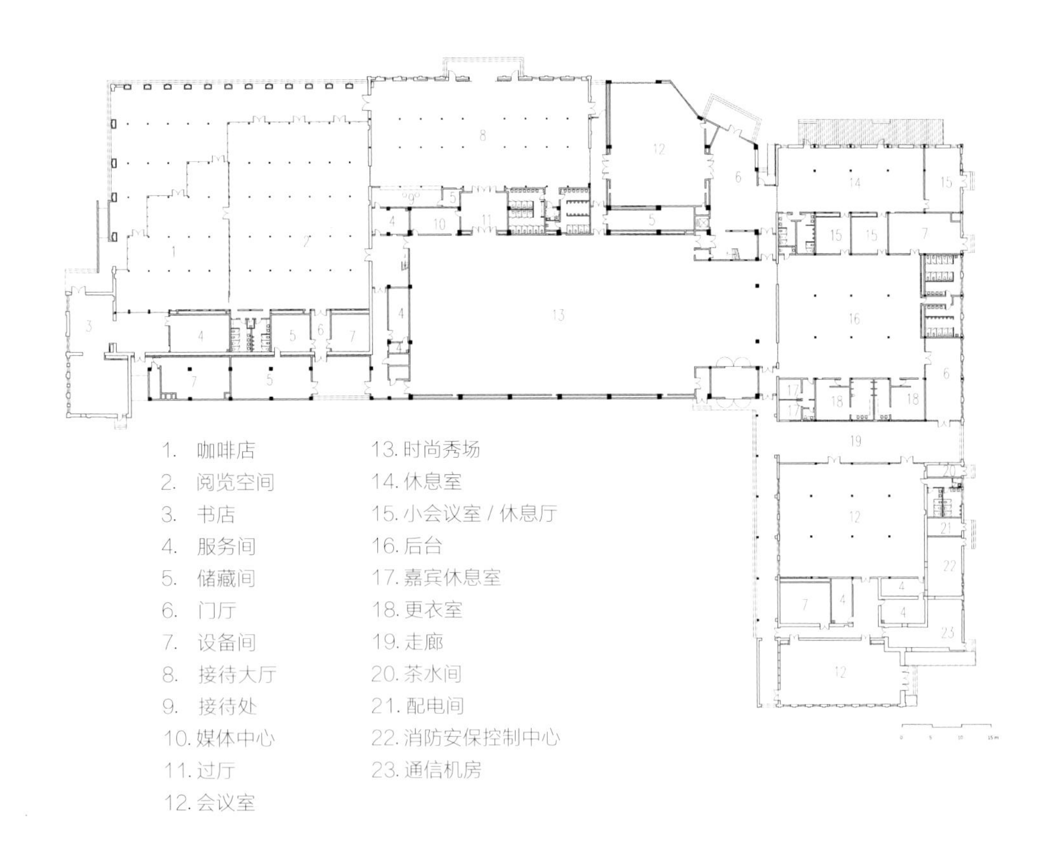

上海国际时尚中心 3 号楼一层平面图

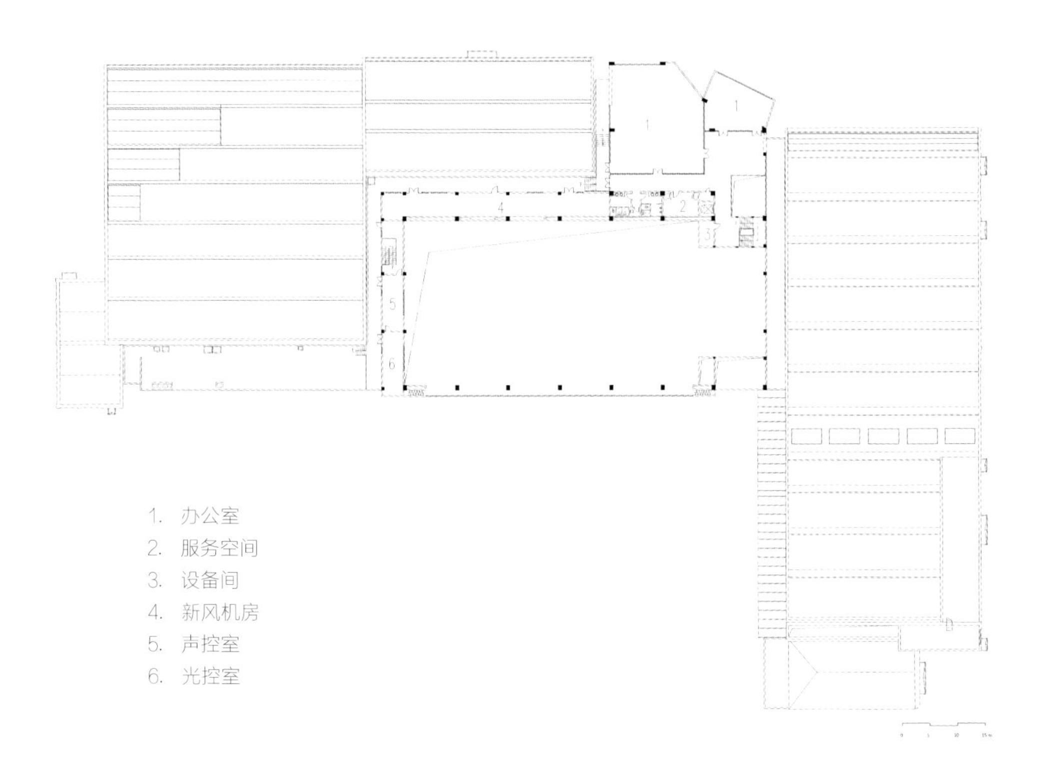

上海国际时尚中心 3 号楼二层平面图

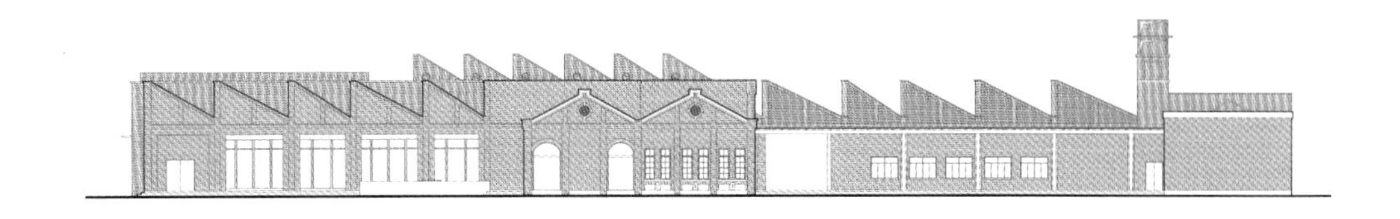

上海国际时尚中心 3 号楼北立面图

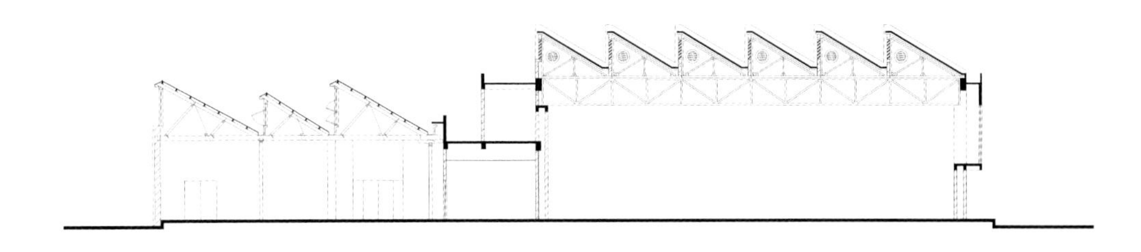

上海国际时尚中心 3 号楼剖面图

木材，该木质平台以及 9、10 号楼之间过道均可直接通往杨树浦电厂遗迹公园，成为杨浦滨江贯通的重要组成部分。

3. 保护修缮：分类修复，文脉接续

上海国际时尚中心范围较广，建筑类型多样，建造年代不一，修缮项目需要把控整体建筑风格，体现原工业建筑风貌，延续历史文脉。同时，根据每栋建筑的类型、现状情况及功能等，采取不同修复策略，主要可分为“修旧如旧，呈现原貌”“新旧对话，有机融合”两大类。

一、修旧如旧，呈现原貌。针对厂区内的保护建筑以“保留为主，加固为辅”为主要方针，对于破损严重的部分“修旧如旧”。例如，为尽可能延续“锯齿红砖”的厂房原有风貌，针对墙体，根据其损坏程度用文物保护修缮方式进行修补；针对屋架，每榀屋架都小心翼翼地卸下，进行修补和加固，经过特殊处理后再安装复原；针对窗户，为满足节能需求设置的双层玻璃窗保持原比例关系，选择与厂区历史基调协调的色彩。此外，原厂区办公楼、水塔等单体建筑的造型和装饰都较为细腻，修复也尽量体现原貌。[1]

二、新旧对话，有机融合。对于一些重要的空间，修缮过程中在尊重园区整体风格相对统

主要步行轴线修缮前后对比

修缮前 | © 上海国际时尚中心

修缮后 | © 同济大学超大城市精细化治理研究院

3 号楼南立面修缮前后对比 | © 上海国际时尚中心

修缮前（2008 年）

修缮后（2018 年）

3 号楼东立面修缮前后对比 | © 上海国际时尚中心

修缮前（2008 年）

修缮后（2018 年）

锯齿形屋顶历史照片 | © 上海国际时尚中心

主要步行轴线中段 | © 上海国际时尚中心

小型步行巷道 | © 同济大学超大城市精细化治理（国际）研究院

亲水平台 | © 同济大学超大城市精细化治理（国际）研究院

一的基础上，适当融入新元素，使新旧有机结合。例如 3 号楼改造而成的时尚秀场，在保留建筑外轮廓并延续原锯齿屋顶的同时，策略性地抬高局部屋架，以满足国际秀场所需的空间高度要求。同时考虑到木屋架的荷载限制，室内风管选用自重轻、满足暖通设计参数要求的“布袋风管”，其材质色彩与秀场入口空间的白色木屋架和墙面完美结合。如今，该时尚秀场已成为全市乃至全国设施最完备、配套最齐全的专业秀场之一。

位于滨江休闲广场附近的 10 号楼厂房，修缮过程中采用轻薄的木色金属网包裹建筑上部，以形成丰富的褶皱，将厚重的工业建筑转化成一座富有活力的城市雕塑[1]，使其成为园区内的标志性建筑之一。这种新材料、新形式的表皮与建筑本体以及周边环境形成对话，呈现出新旧的碰撞，使整个园区变得更加生动、富有趣味。

此外，大量的工业元素被转化为现代建筑设计语言，融入保护修缮过程中，拓展了新旧融合的方式。例如，车间里运载纺车的铁轨被嵌入现代的木地板廊道中，追溯曾经的火热生产场景；时尚秀场金属大门的设计加入编织的元素，推门入园的同时仿佛走进通向纺织年代的时光隧道；挂钟里的数字使用纺织机器上的织布梭，记录着鼎盛时期纺织厂的辉煌。这些嵌入时尚语境里的工业文化符号，激发了来访者对国棉十七厂、对纺织年代的记忆。

4.1.4 保护利用成效

上海国际时尚中心从国棉十七厂蝶变为集时尚秀场和时尚商业于一体的活力街区，引起社会各界的广泛关注。该项目获得 2016 中国建筑学会建筑创作奖建筑保护与再利用类金奖、亚洲建筑师协会 2016 年度保护类建筑提名奖。上海国际时尚中心园区也先后荣获“2014 文化创意产业金鼎奖最具人气园区”“AAAA 级旅游景区”“国家工业遗产旅游基地”“2019 杨浦区文化创意产业优秀园区”“上海市文明街艺示范表演点”“上海品牌园区”“上海市文化创意产业示范园区”等多个荣誉称号。

上海国际时尚中心整个园区占地面积较大，拥有能够容纳 800 名观众和 100 名模特同时化妆的秀场，以及丰富多元的室外公共空间，自运营以来每年都会承办各类活动，主要包括：

（1）大型时尚活动：如上海国际服装文化节、华谊 ELLE 之夜、TOP100 外滩时尚盛典、上海电影节 PARTY、上海之春国际音乐节管乐艺术节、2023 国别商品文化缤纷月启动仪式、上海工业旅游主题日等大型文化类活动，以及各类国际时尚知名品牌的产品首秀发布会和高端汽车品牌发布会。这些活动影响力较大，新华社、新浪网、凤凰网等知名媒体先后予以报道，获得良好的社会反响。

修缮前（2008 年）

修缮后（2013 年）

TOP100 外滩时尚盛典 | © 上海国际时尚中心

上海之春国际音乐节管乐艺术节 | © 上海市杨浦区文物局

“夏至音乐日”活动 | © 上海国际时尚中心

“宠爱嘉年华”活动 | © 上海国际时尚中心

（2）特色主题活动：上海国际时尚中心与政府职能部门加强合作，打造出一系列充满杨浦滨江特色的文化盛事，包括面向音乐发烧友的“夏至音乐节”、面向爱宠人士的“宠爱嘉年华”、面向咖啡爱好者的“咖啡文化周”、面向小舞者的上海少儿体育舞蹈公开赛、面向市民游客的“回望百年工业 · 共赏杨浦滨江”特色打卡活动及“五五购乐季”等。这些活动不仅促进了市民们的良好互动，也使上海国际时尚中心成为沪上新潮打卡地。

（3）线上推广活动：上海国际时尚中心在抖音、小红书、B 站等年轻人喜好的网络平台上都有账号，吸引 UP 主们前来探店。近年来，时尚中心陆续推出微信社群营销、SFC 云 Mall、天猫旗舰店，导入品牌联动直播，进一步完善线上平台布局。[2] 2020 年时尚中心举办品质生活直播周，让员工走进园区，展示时尚中心的全新风貌。

资料显示，上海国际时尚中心开园以来，年营业额持续增长，实现 10% 的平均增幅，每年人流数量近 400 万人次。从老厂房到时尚园区，上海国际时尚中心不仅让人领略到百年工业建筑风貌遗留下的韵味，更是百年纺织文明嬗变后的新生，以其独特的历史文化和时尚创意的无限空间，成为创意的策源地、时尚的承载地、休闲的体验地和品牌的发布地，成为上海又一张时尚名片。

“五五购乐季”活动｜© 上海国际时尚中心

2023 国别商品文化缤纷月｜© 上海国际时尚中心

2023 楚雄彝秀上海时尚发布会｜© 上海国际时尚中心

熙熙攘攘的游客｜© 上海国际时尚中心

参考文献

[1] 雯怡 , 皮埃尔 · 向博荣 . 工业遗产的保护与再生 从国棉十七厂到上海国际时尚中心 [J]. 时代建筑 , 2011, 120 (4): 122-129.

[2] 孙一元 . 上海国际时尚中心：时尚创意园区更新迭代 [J]. 上海国资 , 2021 (9): 75-77.

[3] 上海市杨浦区地方志编纂委员会编 . 杨浦区志 [M]. 上海：上海高教电子音像出版社 , 1995: 77.

[4] 百年恰是风华正茂 上海国际时尚中心原址建厂 100 周年 [EB/OL]. http://www.in-sfc.com/detail-3-35.html, 2021-01-01.

[5] 袁静 . 工业遗产建筑再利用的探索——从上海第十七棉纺厂到上海国际时尚中心 [J]. 建筑技艺 , 2017, 259 (4): 114-115.

绿之丘鸟瞰 | © 章鱼见筑

4.2 绿之丘

上海海烟机修厂仓库

项目概况

项目地址	上海市杨浦区杨树浦路 1500 号	建筑面积	17000 平方米
保护级别	/	建设单位	上海杨浦滨江投资开发（集团）有限公司
项目时间	2016-2019 年	设计单位	同济大学建筑设计研究院（集团）有限公司原作设计工作室
原功能	仓库		
现功能	展示、公共服务	施工单位	上海建工七建集团有限公司

绿之丘改造前后对比

2017 年｜ © 同济原作设计工作室

2023 年｜ © 同济大学超大城市精细化治理（国际）研究院

项目简介

绿之丘，原为上海海烟机修厂仓库（简称“烟草仓库”），位于上海市杨浦区滨江南段，紧临杨浦滨江人民城市建设规划展示馆、背靠居住社区。这栋独特的仓储建筑连接着滨水区域与城市腹地，见证了 20 世纪末至今的杨浦滨江发展。烟草仓库曾一度被列入拆除名单，但通过政策创新和灵活的保护利用设计，抢救和延续了这一工业遗存的生命，并使其焕发新的光彩。

绿之丘的改造，将原本封闭的仓库转变为向市民群众开放的优质生态景观空间，并削弱了原有大体量建筑对城市和滨江空间形成的逼仄感，以崭新的姿态诠释着历史的厚度与时代的高度。项目先后荣获“2019 年度上海市既有建筑绿色更新改造评定金奖”“亚洲建筑师协会建筑奖荣誉提名奖”和“首届三联人文城市奖”等国内外重要的建筑和城市大奖。

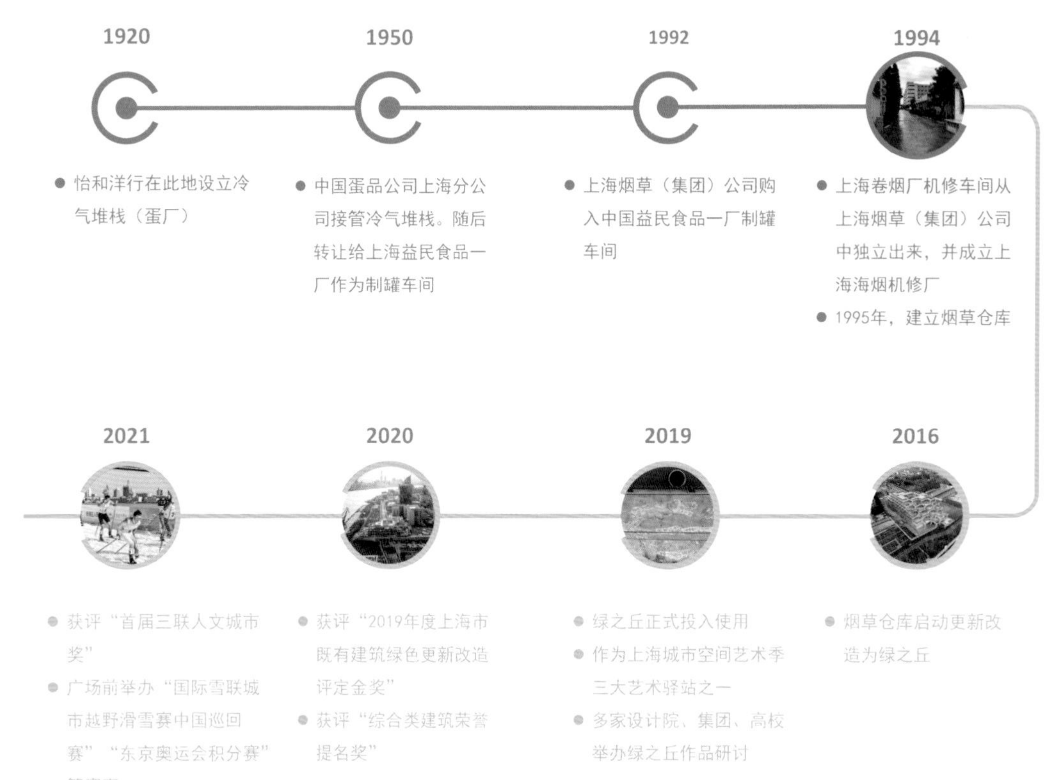

烟草仓库发展脉络示意图

烟草仓库室内 | © 同济原作设计工作室

绿之丘的垂直划分土地使用权 | © 章鱼见筑

机动车穿越建筑底层的立面效果

穿越建筑的机动车道内景

4.2.1 历史变迁

烟草仓库的前身可追溯到怡和洋行 1920 年设立的怡和冷气堆栈 [1]。该堆栈主营蛋粉和冰蛋的加工与出口，兼营其他冷藏和食品加工 [2]。1949 年后，外商蛋厂大都濒临倒闭的困境，堆栈先由中国蛋品公司上海分公司接管，随后转让作为上海益民食品一厂制罐车间。1992 年，上海卷烟厂因为调整布局和发展生产的需要，以签订协议有偿受让的方式购入益民食品一厂制罐车间。1994 年，上海卷烟厂机修车间从上海卷烟厂分离出来，成立上海海烟机修厂，并于次年建成烟草仓库。2016，烟草仓库改造项目正式启动，并于 2019 年顺利完工。

4.2.2 空间特征

1. 标志性

20 世纪早期，为满足工业生产中货物存储、运输和中转等功能性需求，浦江两岸曾经建设了大量堆栈设施。至全面抗战前，规模较大的堆栈已达 240 余家，成为近现代上海工业建筑的重要类型 [3]。历经百年，时光荏苒，昔日沿江铺列的堆栈仓库在产业迭代和城市更新的过程中逐渐消失，像烟草仓库这类虽然自身价值有限，但是保存完好、仍具使用价值的钢筋混凝土多层堆栈建筑亦显珍贵，特别是对曾经大量存在的堆栈的空间延续以及在滨江公共空间中均具有标志性的意义。

2. 适应性

烟草仓库总共 6 层，局部 8 层，钢筋混凝土框架结构，建筑风格简洁粗犷、雄壮有力，保存完好。建筑空间高敞（首层高 7 米）、柱距宽大，具有很强的灵活性和可变性，为后续的活化利用提供了良好的空间基础和较大的可操作性。

4.2.3 保护利用策略

1. 政策创新：强化公共属性，区分竖向权属

绿之丘的建设是通过多部门协同，对城市更新固有思维模式的突破和创新，更是一次成功的城市治理实践。

一方面，原有的控制性详细规划并未将烟草仓库纳入法定保护范围 ①。相关部门另辟蹊径，引入水上公安、消防和武警等职能部门和增加配电间、区域级开关站、防汛物资库等市政公用设施，通过增强烟草仓库功能上的公共性和公益性 [4]，实现保留这一特色建筑的目的。

① 该地块规划土地性质为城市道路和城市绿地。按照城市绿地的规划标准，建筑占地面积应低于 2%，且高度在 8 米以下。

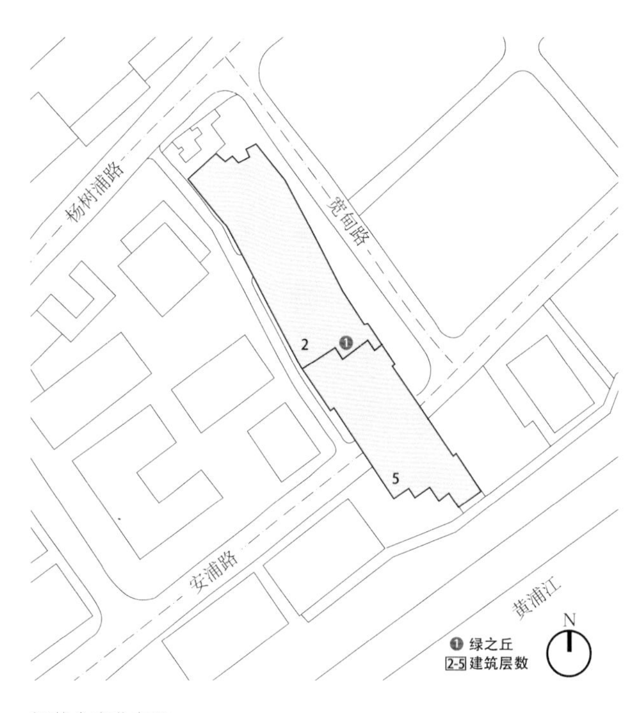

烟草仓库分布图

另一方面，烟草仓库的保留与拟建的规划道路（安浦路）存在空间上的矛盾。为了让“历史”与“发展”共存，改造方案创造性地提出垂直划分土地使用权属的方法（同一地块分层设置不同的土地使用权属），通过市政道路下穿现有建筑的方式化解保护与建设之间的矛盾，同时也打破土地使用的僵化现象。该项目也成为协调历史建筑保护与市政道路上盖建筑物相关规定的成功案例[4]。

2. 建筑设计：融入城市空间，创造漫游体验

改造前的烟草仓库距离水岸仅 10 米远，体量庞大、空间封闭，不仅对滨江岸线形成令人窒息的压迫感，也阻碍滨水空间的连续性。为此，在保护现有建筑主要特征的前提下，改造工作聚焦在建构“建筑、水岸与人”三者之间的空间关系这一挑战。

以斜向梯级削切的方式对烟草仓库朝向滨水方向进行高度和体量上的削减，拆除原有仓库的第六层，降低建筑高度并控制在 24 米以内，再对巨大方正体量面向水岸和城市的正反两面各自做削切，减少 50%的建筑体量，形成层层跌落的景观平台[5]。在消解建筑形体对滨水空间压迫感的同时，也形成由城市向滨水空间漫步的过渡，引导人们由北坡屋面茂密的狼尾草中穿过，进入二层挑空的灰空间，跨越市政道路，直达江岸眺望并感受浦江潮汐。以此打破以往水岸与城市相疏离、“临江不见江”的状态，把“逐水而居”的生活记忆还给人民，建立一种尊重自然、与自然对话的建筑姿态。

采用线切割技术精准切割梁板，对原有建筑进行保护性局部拆除。基于烟草仓库的框架结构特征，建筑形体由原来方正、封闭的实体一层一层地打开，形成丰富多元、通透流动的内部空间。

立体错落的绿化阶梯平台 | © 章鱼见筑

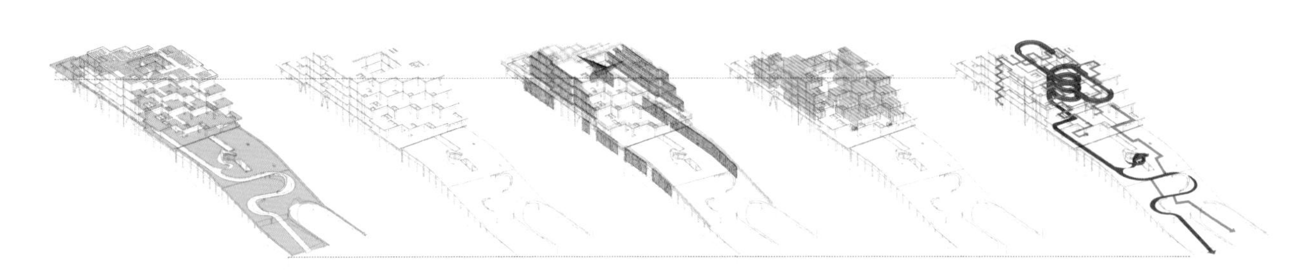

建筑空间构成要素分解图：绿植—结构—拉索—盒子—路径

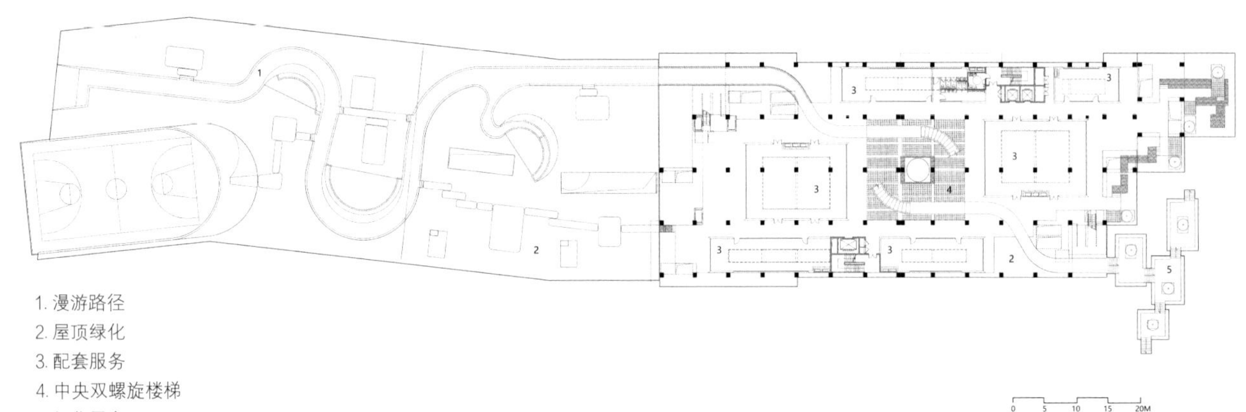

1. 漫游路径
2. 屋顶绿化
3. 配套服务
4. 中央双螺旋楼梯
5. 绿化平台

绿之丘二层平面图

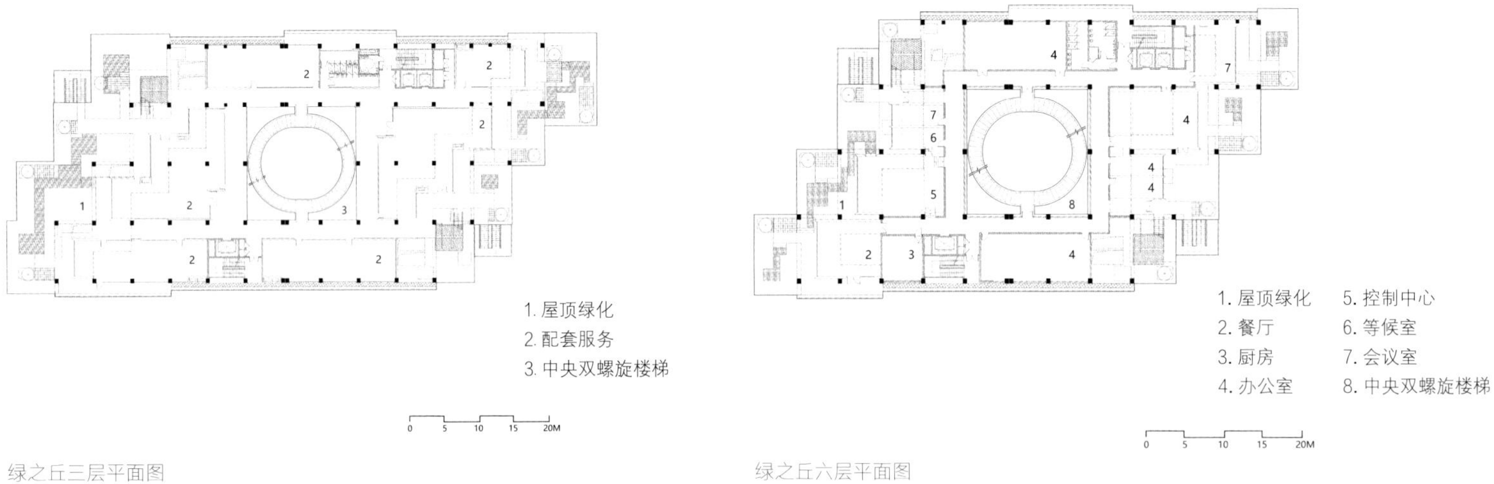

1. 屋顶绿化
2. 配套服务
3. 中央双螺旋楼梯

绿之丘三层平面图

1. 屋顶绿化
2. 餐厅
3. 厨房
4. 办公室
5. 控制中心
6. 等候室
7. 会议室
8. 中央双螺旋楼梯

绿之丘六层平面图

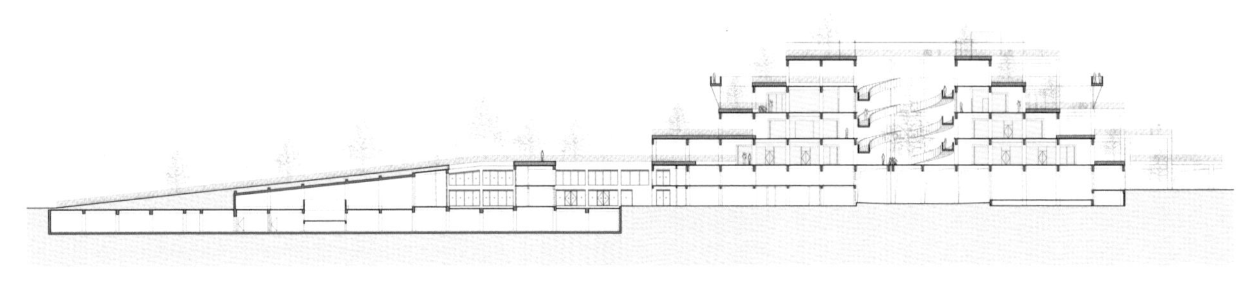

绿之丘剖面图

此外，绿之丘通过高差和庭院构建自由离散多层次的空间体系，实现公共空间从平面向立体的转变，将滨江空间、复合庭院、缓坡退台组合起来，形成连续的视线通廊、连贯的漫游流线和丰富的景观体验[6]，衔接聚落状小体量功能体，欢迎四面八方的来客。

3. 运营管理：集约复合功能、服务社会需求

完成改造后的绿之丘集中了市政道路、城市管理用房以及多类公共服务设施，是一个名副其实的多功能复合体。这些不同机构与部门的引入，有利于不同部门之间的沟通和协调，而且为协同合作提升城市管理水平提供了条件。

绿之丘还设立多种公共空间以满足不同使用人群的需求。如母婴室、影视厅、“杨浦滨江妇儿之家”等生活服务空间，互动市集等文化创意空间，咖啡馆等餐饮休闲空间，以及新时代上海互联网企业党建创新实践基地（包括 E 书屋、B 站展示厅、“尚体乐活”健康之家等党建活动空间）。功能的复合满足了不同目标群体的差异化需求，使绿之丘成为杨浦滨江重要的活力节点。

4.2.4 保护利用成效

作为工业建筑适应性再利用的优秀案例，绿之丘开放运营之后在专业领域和大众媒体同时受到广泛的关注：如 *ArchDaily*、谷德设计网等知名建筑专业媒体多次报道或转载绿之丘相关内容；在绿之丘举办的各类有关女性友好和儿童友好的主题社区活动，也在《东方网》《潇湘晨报》《澎湃新闻》等颇具影响力的媒体中被大量宣传和报道。绿之丘成为大众争相到访的网红打卡地，取得良好的社会反响。

绿之丘中庭双螺旋楼梯 | © 章鱼见筑

楼梯出入口

双螺旋楼梯空间关系

绿之丘内复合多功能空间

商业功能 | © Morning Lab

党建功能 | © 同济大学超大城市精细化治理（国际）研究院

绿之丘举办的特色活动

妇儿之家举办的轮滑体验活动｜© 杨浦区妇女联合会

妇儿之家举办的瑜伽活动｜© 杨浦区妇女联合会

同济大学设计创意学院毕业展现场｜© 同济大学设计创意学院

同时，绿之丘以其独特的工业历史印记、良好的滨江景观视野成功吸引了众多文化艺术活动。近年来，举办了面向家庭的“秋天的童话”等亲子活动，面向周边社区的“睦邻文化节”“滨江市集”等文化活动，面向特定艺术群体的“中华之声海派音乐原创歌曲征集评选及颁奖展演”“艺起前行”和“艺术天空”等演出活动，以及“红 · 潮”、上海互联网企业党建创新实践、爱国主题影片赏析等党建系列活动。特定场景氛围营造持续激发建筑的活力与魅力，推动绿之丘成为城市社会生活和艺术文化生活的集聚地。

此外，为了给城市增添绿意和为发展注入生机，结合杨浦滨江生态修复工程，绿之丘在场地景观规划和植物选择上体现出对绿色生态议题的深切关注。层叠的平台被各类植物覆盖，与滨江绿地融合，选取与工业建筑形态和风格呼应的芒草、狼尾草等水生或近水植物为景观主体，巧妙利用落叶乔木丰富立面景观层次，展现对季候景观变化的回应，既充分彰显工业建筑的历史风貌，又极大提升了环境品质。可以说，绿之丘通过对场所进行生态修复产生了良好的景观和生态成效，为各方游客创造了一个多姿多彩的空中花园。

绿之丘螺旋楼梯俯瞰图｜© 章鱼见筑

绿之丘立面绿化细节 | © 章鱼见筑

屋顶绿化鸟瞰图 | © 王洪刚

参考文献

[1] 黄光域 . 外国在华工商企业辞典 [M]. 四川人民出版社 . 1995: 442.

[2] 张宁 . 跨国公司与中国民族资本企业的互动：以两次世界大战之间在华冷冻蛋品工业的发展为例 [J]. 中央研究院近代史研究所集刊 . 2002(37): 187-224.

[3] 王强 . 存储、流通与信用：贸易周转中的民国上海堆栈业发展 (1912-1937)[J]. 安徽史学 . 2021(2): 97-104.

[4] 鞠曦 , 章明 , 秦曙 . 绿之丘 上海杨浦滨江原烟草公司机修仓库更新改造 [J]. 时代建筑 . 2020(1): 92-99.

[5] 同济大学建筑设计研究院 (集团) 有限公司原作设计工作室 . 绿之丘，上海，中国 . 世界建筑 . 2020(10): 36-43.

[6] 章明，张姿，张洁，秦曙 .“丘陵城市”与其“回应性”体系——上海杨浦滨江绿之丘 [J]. 建筑学报 .2020(1): 1-7.

[7] 崔愷，常青，汪孝安，柳亦春，张斌，袁烽，魏春雨，周榕 . 绿之丘作品研讨 [J]. 建筑学报 . 2020(1): 14-23.

毛麻仓库 | © 章鱼见筑

4.3 毛麻仓库

项目概况

项目地址	上海市杨浦区杨树浦路 468 号	建筑面积	6600 平方米
保护级别	杨浦区文物保护单位	建设单位	上海杨浦滨江投资开发（集团）有限公司
项目时间	2017-2019 年	设计单位	同济大学建筑设计研究院（集团）有限公司
原功能	仓库	施工单位	上海方驰建设有限公司
现功能	文化、艺术、科教		

毛麻仓库北立面和西立面修缮前后对比

修缮前 | © 同济大学建筑设计研究院（集团）有限公司

修缮后 | © 田方方

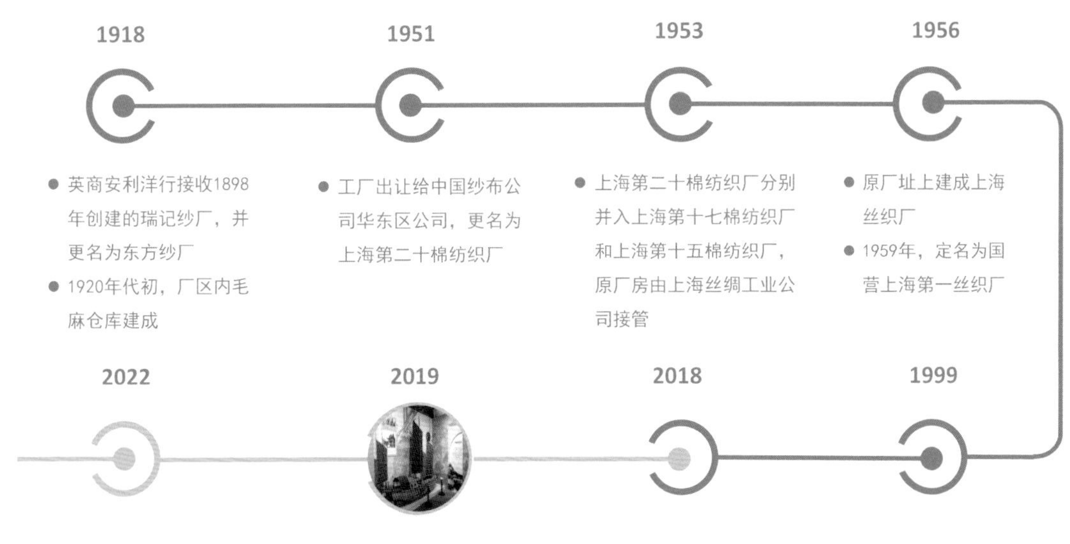

毛麻仓库发展脉络示意图

项目简介

毛麻仓库，位于杨树浦路 468 号，东至原上海船厂 1 号船坞，南至杨浦滨江步道，西临秦皇岛路码头。毛麻仓库建于 1920 年代初，由公和洋行负责设计。其钢筋混凝土无梁楼盖结构以及简洁的红墙立面体现了 20 世纪 20 年代的技术特征和工业特色，是杨浦滨江岸线上的标志性历史建筑，也是中国民族工业发展的重要见证 [1]。

毛麻仓库跨越百年，历经数次变迁，保护修缮工程以恢复建筑历史原貌为准则，充分挖掘其历史、艺术与社会价值，修缮后引入文博、艺术等新功能，现在的毛麻仓库已成为杨浦滨江城市文化活动的重要载体，焕发全新活力。

4.3.1 历史变迁

毛麻仓库最早可追溯到 1898 年德商瑞记洋行创办的瑞记纱厂。第一次世界大战开始后，英商安利洋行接手管理瑞记纱厂，改名“东方纱厂”，是当时上海规模较大的纺织企业。毛麻仓库正是在这一时期完成设计建造。后东方纱厂因经营不善，连年亏损，于 1928 年被民族资本荣氏家族收购，改名“申新纺织第七厂”[2]。抗战期间申新各厂被日军强占，抗战胜利后归还荣氏家族。上海解放后，工厂于 1951 年出让给中国纱布公司华东区公司，更名为“上海第二十棉纺织厂”（简称“二十棉”）。1953 年“二十棉”分别并入国棉十七厂和国棉十五厂，原厂房由上海丝绸工业公司接管[2]。三年后，在原厂址上投资建成上海丝织厂，并于 1959 年正式定名为“国营上海第一丝织厂”。1967 年起，上海第一丝织厂边生产、边改造厂房，逐步调整布局，扩大生产，成为当时全国生产真丝和人造丝的龙头企业。直到 1999 年，上海船厂收购上海第一丝织厂地块。[3]

2018 年，杨浦区对上海船厂用地整体收储，并启动毛麻仓库等建筑的修缮工程，将其打造为服务市民的公共展示空间。2019 年修缮竣工后作为上海城市空间艺术季 SUSAS 主展馆首次对公众开放。2022 年 9 月，毛麻仓库旧址被公布为杨浦区文物保护单位。

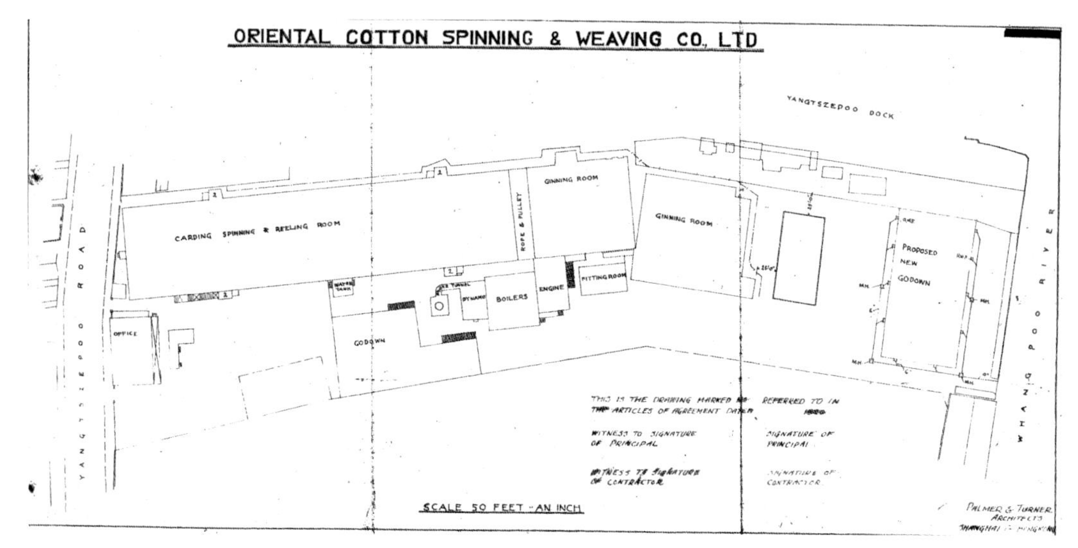

原东方纱厂总平面图（毛麻仓库位于最右侧）| © 上海市城市建设档案馆

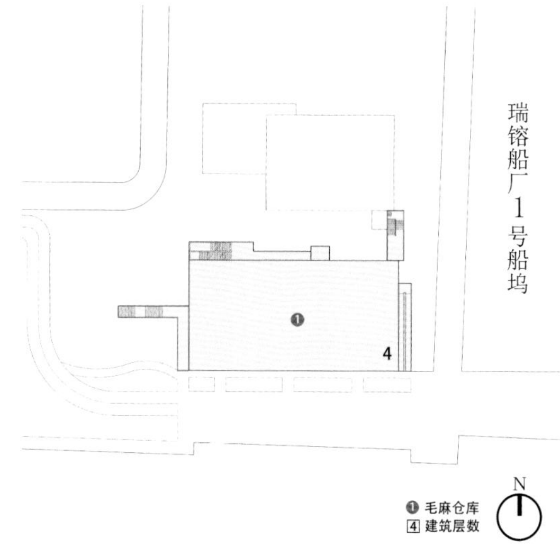

毛麻仓库分布图

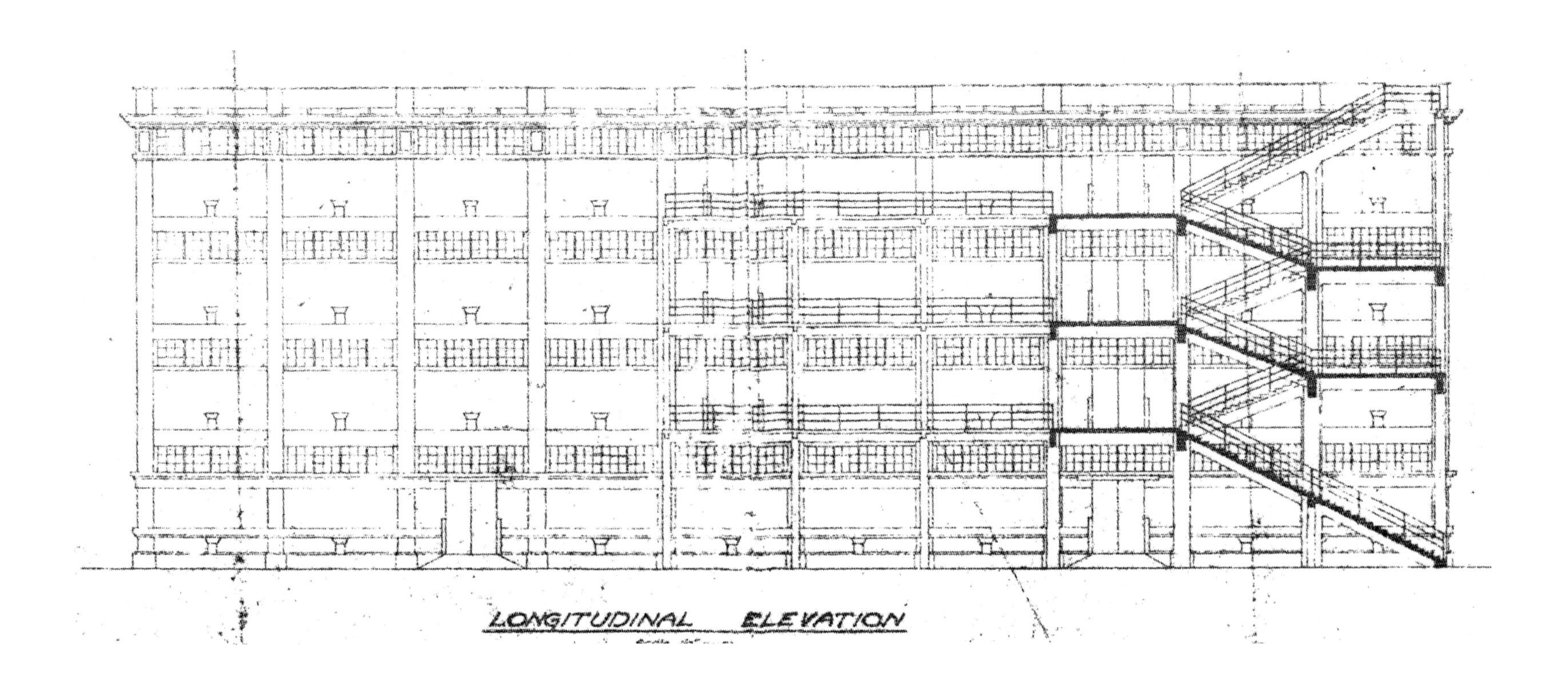

毛麻仓库北立面设计图（1924 年）｜ © 上海市城市建设档案馆

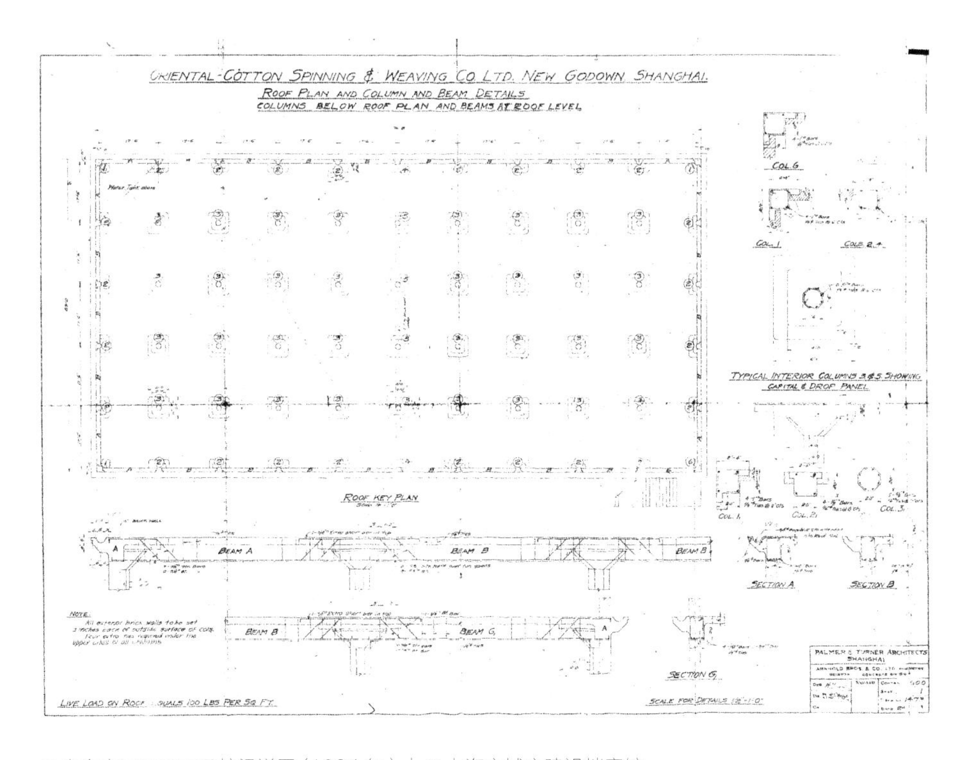

毛麻仓库屋顶平面及柱梁详图（1924 年）｜ © 上海市城市建设档案馆

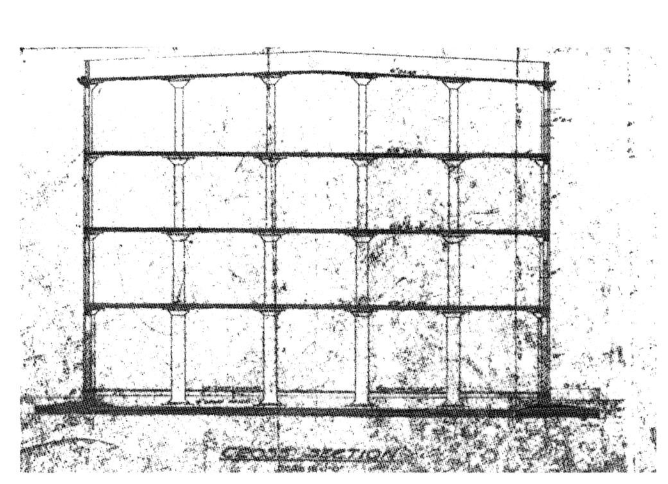

毛麻仓库剖面设计图（1924 年）｜ © 上海市城市建设档案馆

4.3.2 空间特征

毛麻仓库是杨浦滨江岸线上极具象征性的历史建筑，其建筑平面形式、外立面和内部结构等体现了当时的生产需求和技术发展，具有较高的艺术价值。

一、平面形式与外观。毛麻仓库共四层，平面呈长方形，东西长约 54 米有 10 个开间，南北宽约 27 米有 5 个开间，平面形状非常规则。建筑屋面为平屋顶，立面原为简洁的清水红砖墙，混凝土板柱的结构在外立面上形成自然分隔和朴素装饰，但大部分立面红砖在后期被浅粉色涂料覆盖。建筑北侧设有外走廊，走廊内侧墙面有大型黑色铁门，走廊东侧局部加建封堵墙体；北侧西端设有一部宽大、平缓的室外主楼梯，方便货物上下运输，有明显的仓库建筑特色；北侧中部有突出屋面的混凝土水塔一座。[4] 建筑保存较为完整，尤其是整体框架和楼梯、铁门、水塔等特色细部都保存完好。

二、内部结构与空间。毛麻仓库基础形式为筏板基础，结构形式为钢筋混凝土板柱结构，柱网约为 5.4 米 ×5.4 米，柱顶端有放大柱帽，楼面顶板显露混凝土模板的肌理。[4] 建筑室内空间比较封闭，东西两侧和南侧均设有高窗，其尺度和开窗方式具有工业建筑的典型特征。后期使用过程中，在仓库内部加建部分墙体，分隔原本宽敞的大空间。

毛麻仓库北侧走廊修缮前后对比

修缮前｜ © 同济大学建筑设计研究院（集团）有限公司

修缮后｜ © 同济大学超大城市精细化治理（国际）研究院

毛麻仓库修缮前立面 | © 同济大学建筑设计研究院（集团）有限公司

北立面

南立面

毛麻仓库修缮前外立面细部 | © 同济大学建筑设计研究院（集团）有限公司

北侧楼梯

仓库铁门

水塔

毛麻仓库修缮前室内结构细部 | © 同济大学建筑设计研究院（集团）有限公司

4.3.3 保护利用策略

1. 保护修缮：修旧如故、以存其真

在保护修缮工程前，毛麻仓库尚未列入保护名录。设计团队通过历史研究和实地调查，对其历史和艺术价值进行细致甄别。以历史资料为基础，以年代特征判定为依据，秉持“修旧如故，以存其真”的理念，力求复现仓库建筑的历史原貌。

首先，平面布局方面保持其北侧外廊式布局不变，拆除走廊处及室内后期加建的墙体，恢复原有建筑空间；对仓库北立面（包括原有的外廊结构、楼梯栏杆、红砖墙面、屋顶水塔等重要历史元素）实施整体保留，其他立面则保留框架结构、红砖墙和高窗等特色构件；室内空间对门、柱、天花板和地坪等历史构件进行重点修缮，并恢复柱帽、楼梯等构件的历史原貌。在不破坏原有建筑结构的前提下，采取碳纤维加固、加大截面等方法进行安全加固，并更新植入水、电、暖通等设备，以满足现代使用需求。[4]

其次，在修缮工艺方面认真考证原始设计资料、施工工艺等内容，力求严格按照原式样、原材质、原工艺进行修缮。例如，对毛麻仓库建筑外立面颇具特色的清水红砖外墙面的修复，主要分为五个步骤：

(1) 清除覆盖：凿除后期使用时增加的外墙涂料。

(2) 表面清洗：根据国内现有技术条件采用低压水洗，在不损伤基层的情况下清除表面灰土。

(3) 砖材修复：经过清洗后的墙面，砖体表面残损深度在 2 毫米以下的不进行修补，仅施加无色透明憎水保护剂；残损部分在 2 毫米以上及裂缝部分，采用砖粉按原样修理平整。

(4) 勾缝：采用与原始清水红砖缝一致的勾缝形式，使用专用勾缝剂作为勾缝材料。

(5) 表面处理：根据实际情况，对立面进行拼色做旧处理，再采用无色透明渗透型憎水性保护液全面保护整个墙面，使新修补的红砖与整体立面协调一致。[4]

2. 空间营造：沿江开放、激发活力

毛麻仓库作为工业建筑，造型相对单一，空间也较为封闭。此次修缮结合杨浦滨江发展需求以及仓库区位优势，在确保建筑完整性的同时，十分注重建筑空间的公共性与开放性。

具体而言，毛麻仓库在沿江面每一跨的小方窗下面增加一扇较大的窗户，并将二层朝向江景的墙体全部打开，创造出一个能够全天候开放的半室外观光平台。行走在这样一条面向整个杨浦滨江的观景长廊中，游览者可以自由地与江景遥望互动。仓库屋顶空间也被打造为可眺望江景及船坞的大平台，结合原有货梯机房设置室外休息区，形成一个无柱的开放空间，为人们提供一处休闲观景、休憩交流的惬意场所。此外，整合梳理建筑室内空间，以满足艺术展陈等新功能的需求，提升建筑的使用价值。这些措施为工业建筑注入新时代的动力，不仅激发了毛麻仓库本身的活力，也提升了杨浦滨江整体公共空间活力。

毛麻仓库东立面修缮前后对比｜ © 同济大学建筑设计研究院（集团）有限公司

修缮前(2017年)

修缮后(2019年)

毛麻仓库室内空间修缮前后对比

修缮前｜ © 同济大学建筑设计研究院（集团）有限公司

修缮后｜ © 田方方

毛麻仓库沿江立面二层半室外观光平台｜ © 同济大学建筑设计研究院（集团）有限公司

毛麻仓库修缮后的南立面外墙｜ © 同济大学建筑设计研究院（集团）有限公司

毛麻仓库修缮后的沿江立面（南立面）| © 田方方

毛麻仓库可眺望江景的屋顶平台

远望平台 | © 田方方

平台上 | © 同济大学建筑设计研究院（集团）有限公司

毛麻仓库西侧景观坡道远景 | © 田方方

毛麻仓库东侧景观坡道远景 | © 同济大学建筑设计研究院（集团）有限公司

毛麻仓库东侧面景观坡道细节 | © 同济大学建筑设计研究院（集团）有限公司

毛麻仓库北侧室外楼梯 | © 田方方

毛麻仓库景观灯 | © 田方方

晚霞中的毛麻仓库 | © 上海市文学艺术界联合会

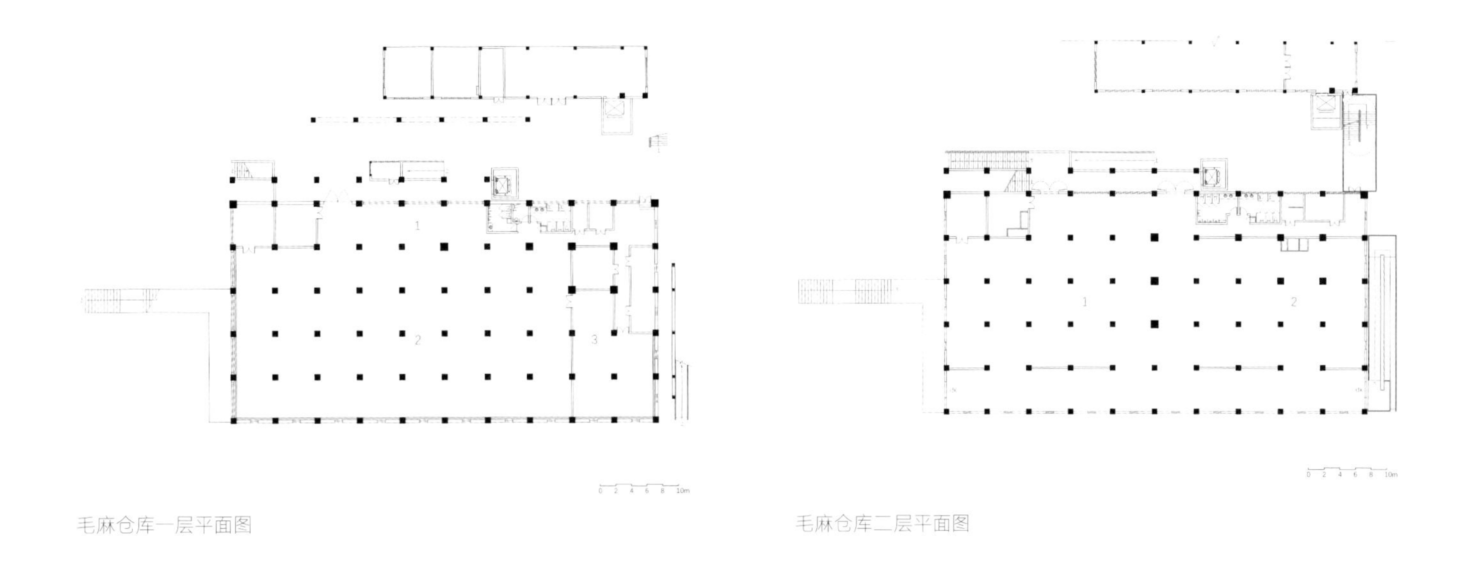

毛麻仓库一层平面图

毛麻仓库二层平面图

3. 交通组织：沟通互动、流线穿插

基于毛麻仓库处于黄浦江畔的区位特征，此次修缮将其置于整个杨浦滨江开放空间中来组织交通流线。对于地块内的交通流线，主要以弱化场地边界、加强与外部连接的步行系统等方式，增加建筑与其所在城市环境的融合度，从而实现吸引人群到访的目的。例如，毛麻仓库一层的防波堤墙体阻隔了建筑与江面的互动，修缮过程中在江堤墙两侧加入景观平台及 7 米景观坡道。该坡道在连接江堤空间与船坞区域的同时，成为滨江重要的景观元素，实现了滨江景观空间的贯通，拉近了毛麻仓库与城市的距离。

建筑内部的交通流线组织，在保留工业建筑原有垂直交通的基础上，增设部分楼梯和电梯连接上下层。同时，保留原有的北侧室外大楼梯，进行修缮并加以利用。①

4.3.4 保护利用成效

经过保护修缮的毛麻仓库，完成了从“纺织仓库”到“文化仓库”的转变，以全新面貌重新焕发出生机与活力。目前，毛麻仓库已融入城市的社会文化生活之中，也渐渐成为沪上新的文化艺术集聚地。修缮竣工后，毛麻仓库作为 2019 年上海城市空间艺术季 SUSAS 主展馆首次投入使用，发挥了杨浦滨江重要的公共开放节点的作用，吸引了大量市民和全国各地的游客前来游览[1]。迄今，毛麻仓库已成功举办 2020 上海国际摄影节、2022 上海国际摄影节、上海市民艺术大展、百年百艺 · 薪火相传——中国传统工艺邀请展、曙光——红色上海 · 庆祝中国共产党成立 100 周年主题艺术作品展[4]、百年印记 · 魅力上海—— “建筑可阅读”全民拍摄影大赛作品展等丰富多样的人气展览。

毛麻仓库作为杨浦滨江工业遗产历史文化缩影中的一个片段，代表着 20 世纪 20 年代的工业技术和生产水平，可以自然地唤起参观者的审美情绪[5]，因此获得杨浦滨江“文化仓库”的美誉。未来，毛麻仓库将作为长江口二号古船博物馆的组成部分，成为更具吸引力的文化地标，不断为市民带来高品质的文化体验，持续绽放独特的魅力。

① 同济大学建筑设计研究院（集团）有限公司，《杨树浦路 468 号原上海船厂毛麻仓库等三幢历史建筑修缮改造工程》，2017 年。

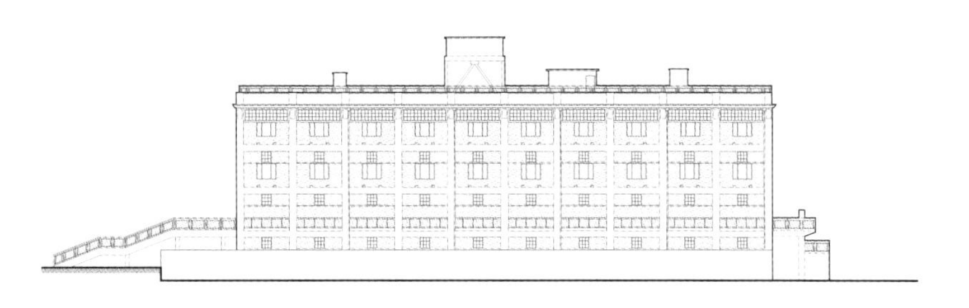

毛麻仓库南立面图｜ © 上海市杨浦区文物局

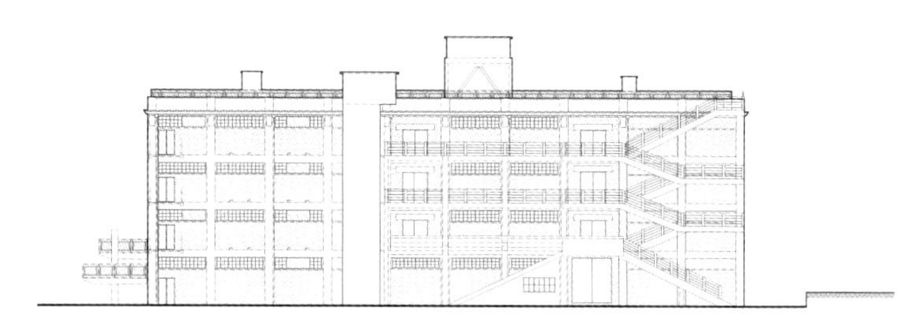

毛麻仓库北立面图｜ © 上海市杨浦区文物局

毛麻仓库内举办 2019 年上海城市空间艺术季展览｜ © 田方方

毛麻仓库中举办的各类活动

曙光——红色上海 · 庆祝中国共产党成立 100 周年主题艺术作品展｜ © 上海市文学艺术界联合会

追梦少年 足迹启航——第六届少年儿童美术书法活动优秀作品展｜ © 上海市杨浦区文物局

百年百艺 · 薪火相传：中国传统工艺上海邀请展｜ © 上海市杨浦区文物局

黄浦江畔的毛麻仓库 | © 田方方

参考文献

[1] 建筑可阅读丨百年“编织”的毛麻仓库，如今在艺术中蝶变 [EB/OL].(2021-07-27).https://www.thepaper.cn/newsDetail_forward_13759068.

[2] 上海市杨浦区史志编纂办公室，上海市杨浦区档案局 . 百年工业看杨浦 [M]. 上海：上海高教电子音像出版社 ,2009: 26-27.

[3] 上海船厂传播有限公司 . 百年历程（1862-2007）[R]. 2007：276.

[4] 上海杨浦. 观众逾2万人次！“曙光展”圆满闭幕！[EB/OL].(2021-06-03).https://www.163.com/dy/article/GBHC605B05348TJL.html.

[5] 上海市文旅推广网，上海市文化和旅游局 . 毛麻仓库 [EB/OL].(2023-04-06). https://chs.meet-in-shanghai.net/travel-theme/line/detail.php?id=5308.

明华糖厂仓库整体鸟瞰图 | © 章鱼见筑

4.4 明华糖厂仓库

项目概况

项目地址	上海市杨浦区安浦路 415 号	建筑面积	1440 平方米
保护级别	杨浦区文物保护点	建设单位	上海杨浦滨江投资开发（集团）有限公司
项目时间	2019 年	设计单位	同济大学建筑设计研究院（集团）有限公司原作设计工作室
原功能	仓库		
现功能	承接各类活动，包括文化演出、艺术展陈等	施工单位	上海建工二建集团有限公司

明华糖厂仓库西立面修缮前后照片对比 | © 同济原作设计工作室

修缮前

修缮后

项目简介

明华糖厂仓库位于上海市安浦路415号，北至安浦路，西邻绿之丘（原上海海烟机修厂仓库），东近世界技能博物馆（永安栈房旧址西楼）。自2010年停工停产后，陆续拆除了该地块中的大部分厂房。近年来，由于工业遗产保护意识的提升，该仓库在黄浦江滨江全线贯通项目中得以保留。在2019年启动的保护利用项目中，明华糖厂仓库拆除了现存建筑中历史价值不高的扩建部分，恢复20世纪30年代钢筋混凝土和钢结构的仓库形制，将最具历史价值和空间特色的部分完整呈现出来。修缮后的明华糖厂仓库中融入新空间和新材料，并通过引入文化演出、艺术展陈等新功能进一步激活历史空间，很快成为杨浦滨江标志性的公共空间和艺术场所。凭借高质量的保护性修缮与独特历史价值的再现，2022年9月被公布为杨浦区文物保护点。

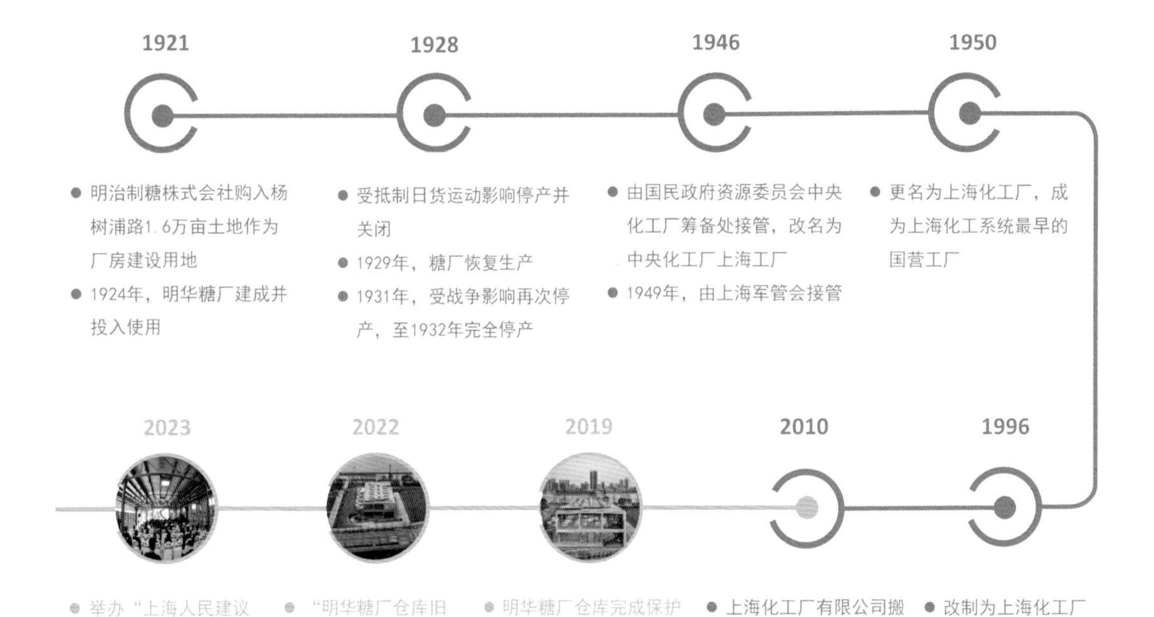

明华糖厂仓库发展脉络示意图

4.4.1 历史变迁

20 世纪初，日本砂糖对华出口增长并呈现将持续增长的态势。面对这一巨大市场，明治制糖株式会社决定在中国建厂。考虑到临近黄浦江和当时的杨树浦水厂，以及交通便捷等因素，明治制糖株式会社于 1921 年选定并购入杨树浦路的 1.6 万亩（10.67 平方千米）土地作为厂房建设用地，并于 1924 年开工，同年竣工投入使用。[1] 明治制糖株式会社上海工厂的名称为“明华糖厂”。该厂建有钢筋水泥建筑，共投资 360 万日元，有职工 110 人，生产能力为 150 吨 / 天，一年达 60 万担（约 3 万吨）[1]，其强大的工业生产力在当时的中国首屈一指。明华糖厂在 1928 年的抵制日货运动中曾短期关闭，技术人员也撤到中国台湾。1929 年恢复生产不久又受到“九一八事变”的影响，整个工厂几乎停产，到 1932 年完全停产。[1]

抗战胜利后，国民政府资源委员会中央化工厂筹备处于 1946 年接管明华糖厂，改名为“中央化工厂上海工厂”。上海解放后由军委会接管，并在 1950 年改名为“上海化工厂”。[2] 上海化工厂是当时国内第一家综合性塑料加工企业，先后为朝鲜、古巴、越南、阿尔巴尼亚等国培养了不少塑料加工科技人员。[3]1990 年上海化工厂获得全国首批“国家一级企业”称号，并于同年进行扩建。扩建后的上海化工厂先后从德国、瑞士等国家引进新的生产流水线，将其主要产品的技术装备提升至国际先进水平。1996 年，上海化工厂改制为“上海化工厂有限公司”。[4] 可以说，上海化工厂见证了中国工业发展，尤其是塑料加工企业的起步与发展。

2010 年，上海化工厂有限公司搬迁至浦东新区新场工业园区，老厂区在 2012 年变更为上海有机新材料科技工业园。此后厂区内大部分厂房被拆除，仅保留原明华糖厂时期的精糖仓库（简称“明华糖厂仓库”）。2019 年，明华糖厂仓库进行保护修缮，还原其历史风貌，并逐渐成为人们感受文化、艺术、时尚的新天地。2022 年 9 月，“明华糖厂仓库旧址”被公布为杨浦区文物保护点。

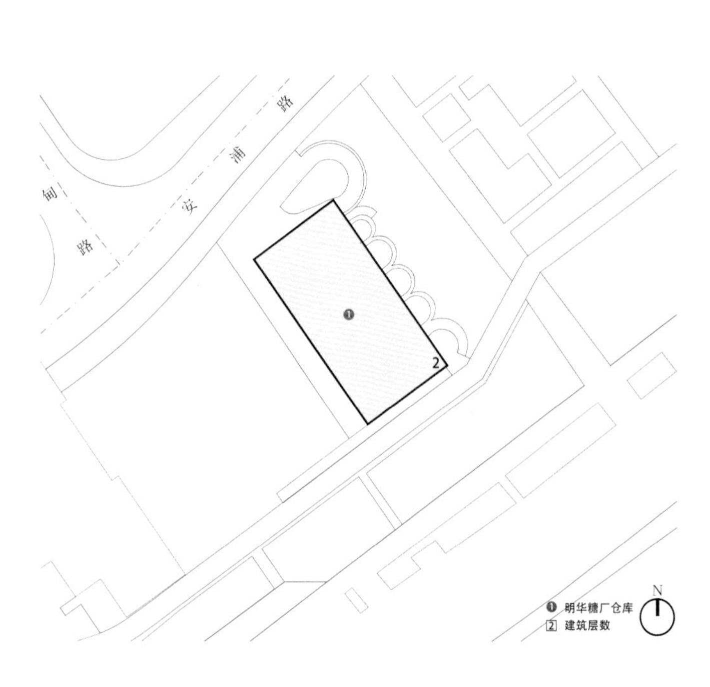

明华糖厂仓库分布图

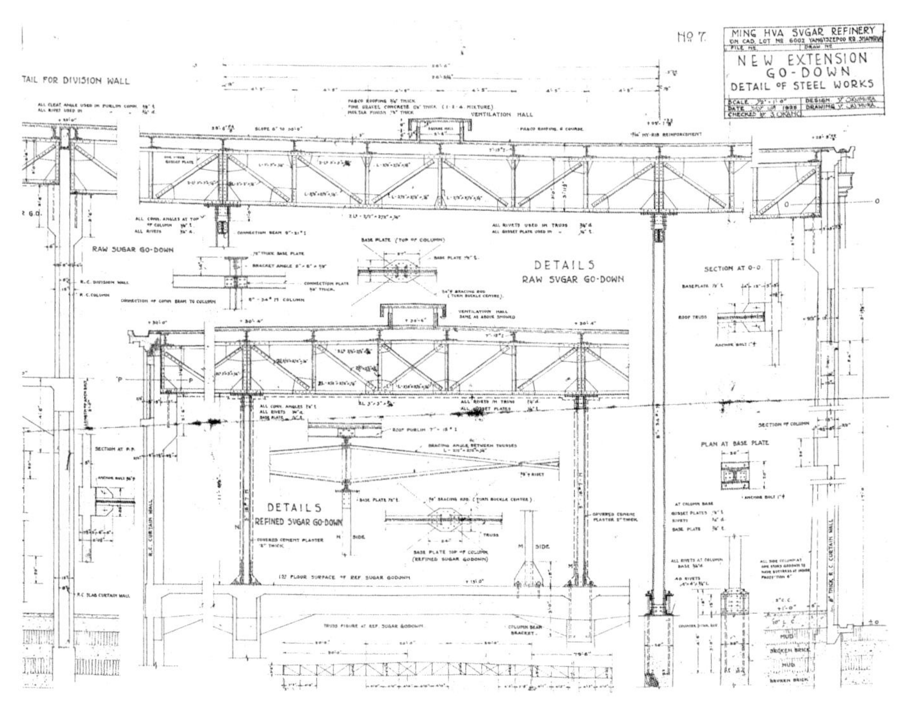

历史图纸中的桁架结构 | © 上海市城市建设档案馆

4.4.2 空间特征

由于明华糖厂仓库几易其主并多次改扩建（尤其是在 1980 年代上海化工厂的修缮，仓库从 2 层加建至 4 层，原有屋顶在加建时也被拆除），新旧建筑上下两部分形成显著的差异，尤其体现在外立面风格和结构构造设计两个方面：

在外立面风格上，底层原有的仓库建筑采用钢筋混凝土厚实墙体，形式较为朴素；新建部分则为水泥拉毛墙体，正立面有长条格式窗，上部两层和下部两层差异明显。①

在结构构造设计上，混凝土柱子与板梁连接处的构造做法颇具特色：底层楼板梁柱搭接处加腋，其结构承重构造（加腋梁）与现代建筑明显不同，具有时代特色和工业建筑特征。原建筑图纸中，上层为钢柱，但是在此后经历的改扩建中被厚厚的混凝土和涂料包裹成混凝土柱的样子，建构关系混乱。[1] 此外，建筑二层顶板存在两套结构体系：20 世纪 20 年代设计的屋顶钢桁架和 20 世纪 80 年代加建时使用的工字钢。[1] 原有钢桁架，不仅在视觉上具有很强的历史感，而且其结构形态与特点在原始图纸中都得到印证，这些结构特征因为具有一定的价值而被保留。拆除工字钢后，一榀榀桁架（热铆钉链接）和结构加腋梁构件立刻呈现出清晰的结构逻辑和美感。

现场照片中的历史桁架结构 | © 同济原作设计工作室

① 同济大学建筑设计研究院（集团）有限公司原作设计工作室，章明，张姿，秦曙，《杨树浦路 1578 号原明华糖厂沿江仓库历史建筑修缮改造设计方案》，2018 年。

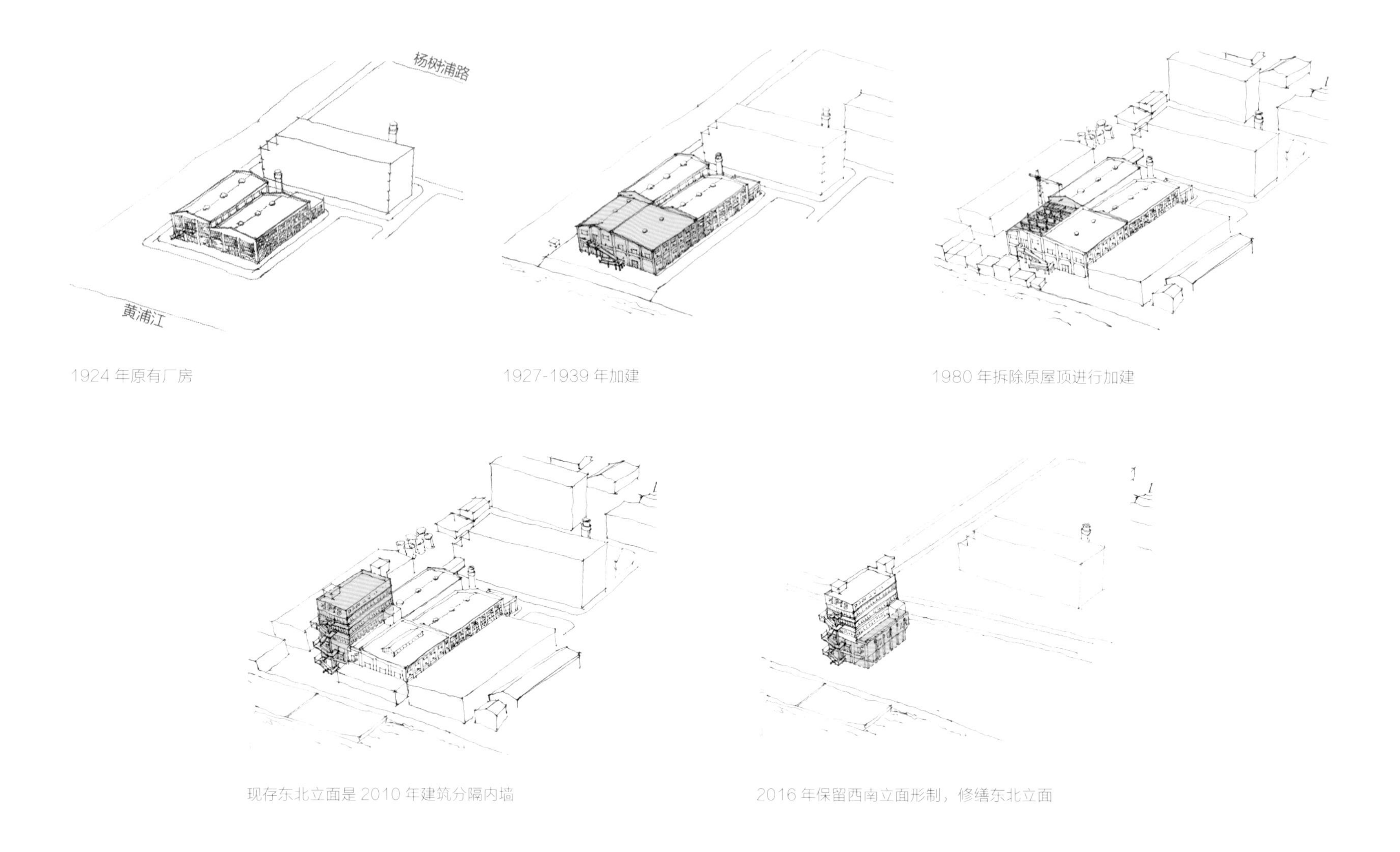

1924 年原有厂房

1927-1939 年加建

1980 年拆除原屋顶进行加建

现存东北立面是 2010 年建筑分隔内墙

2016 年保留西南立面形制，修缮东北立面

4.4.3 保护利用策略

1. 建筑设计：新旧对比、强化特色

明华糖厂仓库的保护利用采用体量拆改、结构加固、“漂浮”屋面、立面修复、复原室内、场地缝合等不同设计策略。

（1）体量拆改：通过对比历史图纸，原仓库建筑的三、四层为 1980 年后加建，一方面形制混乱且历史价值不高、存在结构安全隐患；另一方面，该建筑的高大体量也对滨水空间造成压迫感。因此，修缮采用保护性拆除的方式[5]，将加建部分拆除，将建筑主体恢复至最初的两层。

（2）结构加固：基于对明华糖厂仓库局部构件历史意义的上述阐述，保护利用中保留和修复局部构件，使得各阶段的时空记忆与当下日常生活的情景融合渗透。首先，完全凿除现浇混凝土楼板保护层中松散、空鼓部分的混凝土，采用聚合物修补砂浆进行修补；其次，针对锈胀露筋部分先清除钢筋锈胀处松散、离鼓的混凝土，然后沿钢筋长度方向剔除至钢筋与混凝土结合牢固处，再对剔凿后露出的钢筋进行除锈去污，并在涂刷钢筋阻锈剂之后，采用专用聚合物水泥砂浆修复；最后，针对严重碳化部位，先清理疏松、缺陷部分至坚实基层并清洁干净，再经洒水充分浸润后用砂浆修补，将老建筑最具历史特色和感染力的部分从纷杂的现状环境中呈现出来。

（3）漂浮屋面：1920年代的建筑屋顶于1980年代加建时拆除，原样恢复的可行性不高且意义有限。修缮设计中采用新旧对比的策略，尝试用“漂浮”的形式演绎和呼应原有的屋顶形制。[5] 为了强化“漂浮”的视觉效果，新建屋面采用锻面阳极氧化铝，与原有建筑墙顶脱离，悬浮于加固后的原屋面顶板上，并在立面的新旧材料之间保留清晰的界限，以消隐的姿态补足原本缺失的部分和体量，形成新与旧的对比和张力。

（4）南、西原有建筑外立面修复：以历史图纸为参照，采用“修旧如旧”整体保留形制的方式。在南立面修复中，通过清理表面，呈现原有建筑水泥砂浆的立面肌理，在保留20世纪二、三十年代原有仓库钢筋混凝土厚实墙体形制的同时，精心修复极具历史特征的南侧门窗木框和西侧排风扇。[5] 南立面的新建坡道和西立面上窗洞门洞的保留手法也参考了历史图纸。通过叠合不同时代的“痕迹”来体现历史的原真性。建筑西立面延续建筑群简洁的设计风格，通过清理表面、保留历史门窗和相对统一的材质选择与材料运用，塑造浑厚坚实的建筑形象。

（5）东、北立面修复：因邻近建筑拆除，东、北立面为原建筑的室内隔墙，历史风貌较弱，且无图纸依据，采用“以新补新”的再生性修缮方式。建筑东立面，一层对应的原有柱跨布置弧形挡土墙，形成室内与景观坡地堆土之间的过渡空间，二层根据功能要求设置人面落地窗。以纯净、超白、高透的中空玻璃填补东侧断面的空白，形成新的围护边界，厚重粗粝的混凝土肌理与平整、细腻、通透的玻璃光滑表面形成鲜明对比。建筑北立面，在原隔墙拆除后形成介于室内封

结构及节点设计 | © 章鱼见筑

室内钢结构

室内钢结构节点

漂浮屋面 | © 章鱼见筑

南立面 | © 章鱼见筑

闭空间与室外开放空间之间的悬挑灰空间，落地窗藏于后方，显现出独特的空间断面。为强化其特征，在原有内部楼梯的位置采用轻盈的悬索楼梯，一路延伸至屋顶架设的“漂浮”人行廊道，形成望江平台，也形成新与旧、重与轻的空间对话关系。[5]

（6）复原室内：修缮设计中针对室内墙体、地面和屋顶分别进行保护性修缮与复原。首先，根据历史图纸拆除一层和二层在加建中增加的隔墙，打通建筑内部空间，呈现出明华糖厂仓库早期的室内空间格局。第二，平整和修复一层和二层现浇混凝土地坪。第三，针对吊顶与顶部结构采取保护性修复，清理一层顶部混凝土加腋的表面粉刷层，裸露其混凝土表面，清理二层顶部轻钢桁架并刷漆保护。

（7）缝合场地：修缮设计通过梳理周边场地，有机缝合老建筑与滨江景观环境。在明华糖厂所在区域，原有防汛墙横亘在码头和后方厂区之间，生硬地阻碍了城市空间与水岸的连接。为将珍贵的滨水空间开放给市民，修缮设计后撤二级防汛墙，并将其藏匿在连续的草坡之中。

2. 运营管理：功能置换、活力多元

修缮后的明华糖厂仓库通过引入新功能，将原本单一的仓储功能置换为可以容纳不同活动的多元功能，将原本凋敝破败的工业空间变为文化演出和艺术展陈的多元化复合空间，形成 1920 年代的工业建筑空间与当下艺术空间的隔空对话。修缮设计通过对既有建筑历史信息的甄别、保留、修缮和修复，当代艺术和文化活动得以与历史空间互动，也让不同历史阶段的时空记忆与当下日常生活和文化活动融合渗透。

4.4.4 保护利用成效

明华糖厂仓库凭借其“新旧对比”的材料呈现、结构语言和设计理念的实践运用，在修缮完成之初就受到全社会的广泛关注和讨论。作为工业遗产保护利用的代表案例，明华糖厂仓库修缮设计在搜狐网、知乎、澎湃新闻等知名媒体中被广泛报道和转载，也使修缮后的空间成为杨浦滨江一方活力洋溢的新空间。

同时，明华糖厂仓库以其独特的仓库建筑历史印记、与滨江及周边场地良好的互动，成功吸引众多文化艺术活动。近年来，众多文化活动、艺术展览、高峰论坛、专业讲座以及知名品牌发布活动选择在明华糖厂仓库举办。通过功能转型和内涵注入，明华糖厂仓库这一工业遗产焕发出持续的生命力。

东立面及挡土墙 | © 章鱼见筑

室内进行的保护性修复 | © 章鱼见筑

场地关系图 | © 章鱼见筑

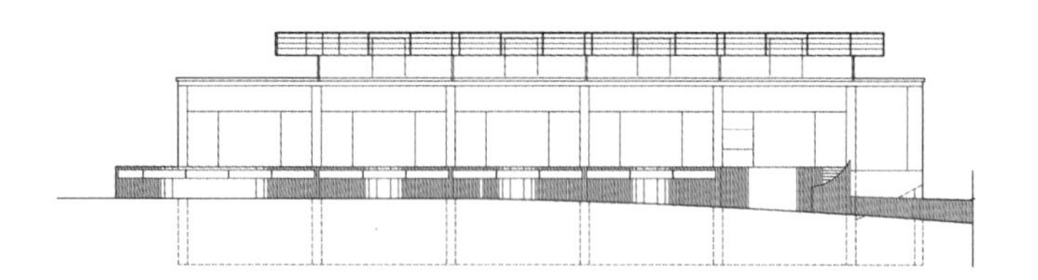

明华糖厂仓库东立面图

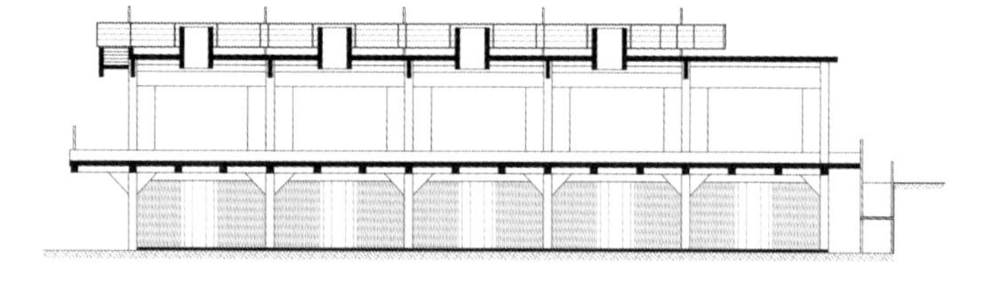

明华糖厂仓库剖面图

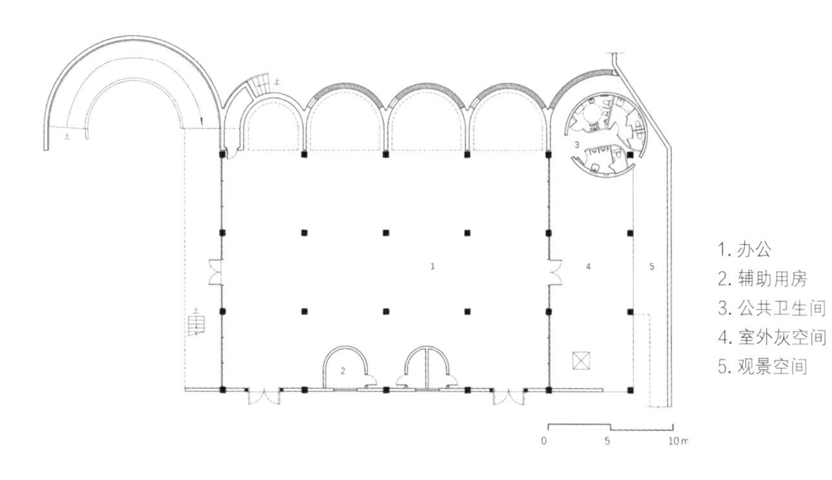

明华糖厂仓库一层平面图

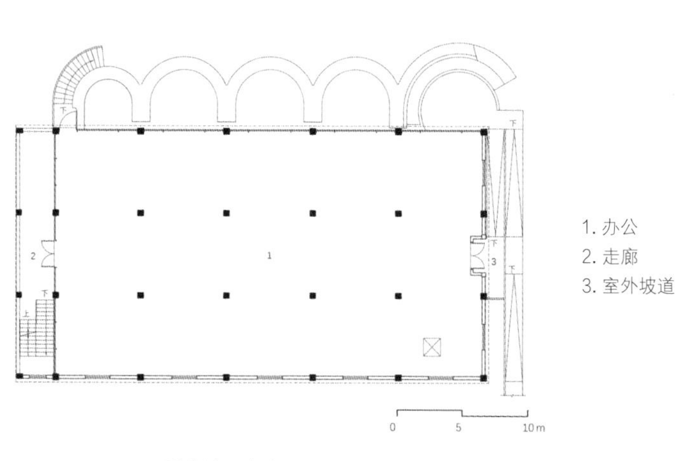

明华糖厂仓库二层平面图

涓汇成流——第十届国际传统艺术邀请展 · 杨浦巡展 | © 上海市杨浦区文物局

展览开幕式现场

展览内景

2023 同济大学设计创意学院上海国际设计创新学院开幕式 | © 同济大学设计创意学院

参考文献

[1] 许金生 . 近代上海日资工业史 (1884-1937)[M]. 上海：学林出版社 .2009: 114-116.

[2] 上海市杨浦区史志编纂办公室，上海市杨浦区档案局 . 百年工业看杨浦 [M]. 上海：上海高教电子音像出版社 . 2009: 86-87.

[3] 上海化工厂 . 上海化工厂简介 [J]. 上海化工 , 1991(16): 44.

[4] 秦柄权 . 上海化学工业志 [M]. 上海：上海社会科学院出版社，1997: 277-279.

[5] 秦曙 , 章明 , 羊青园 . 多维历史记忆的“透明性”呈现——杨浦滨江明华糖厂的改造再生 [J]. 建筑技艺 , 2021, 27(10): 90-94.

永安栈房鸟瞰图 | © 李强

4.5 世界技能博物馆

永安栈房旧址西楼

项目概况

项目地址	上海市杨浦区杨树浦路 1578 号	建筑面积	20205 平方米
保护级别	杨浦区文物保护单位	建设单位	上海杨浦滨江投资开发（集团）有限公司
项目时间	2017 年对建筑外立面和重点部位进行修缮 2019 年启动西楼（世界技能博物馆）修缮	设计单位	2017 年修缮：上海创盟国际建筑设计有限公司、上海明悦建筑设计事务所有限公司 2019 年修缮：同济大学建筑设计研究院（集团）有限公司、上海明悦建筑设计事务所有限公司
原功能	仓库		
现功能	西楼：展示陈列、教育传播、国际交流、收藏保管、科学研究 东楼：文化展示、研发办公（筹建）	施工单位	上海维方建筑装饰工程有限公司

永安栈房修缮前后对比

2017 年修缮前｜ © 上海市杨浦区文物局

2017 年修缮后｜ © 上海创盟国际建筑设计有限公司

2019 年修缮后｜ © 同济大学超大城市精细化治理（国际）研究院

项目简介

永安栈房旧址北临安浦路，西临滨江景观公共绿地，东接杨浦大桥与宁国路轮渡码头，南临杨浦滨江步道。栈房由沿江东西两栋对称的建筑单体和之间的楼梯过道组成，是上海近代工业仓库建筑的典型样式，也是中国近代民族资本企业永安纺织股份有限公司发展的重要历史见证[①]。

永安栈房旧址的保护修缮旨在保留栈房历史风貌，在充分挖掘空间潜力的同时，提升建筑与城市之间的互动关系。2017 年和 2019 年永安栈房旧址先后进行建筑结构的修缮加固和空间功能的导入，在留存历史记忆的基础上，创造了富有魅力的新型交互空间，并通过提供高品质的景观平台融入杨浦滨江公共空间。修缮后的永安栈房旧址西楼建成第一个世界技能博物馆，成为世界技能展示中心与合作交流平台；东楼未来将打造成全国领先的全球碳中和储能技术及应用示范综合体[1]，其中一、二层为“碳中和科技馆”[2]。

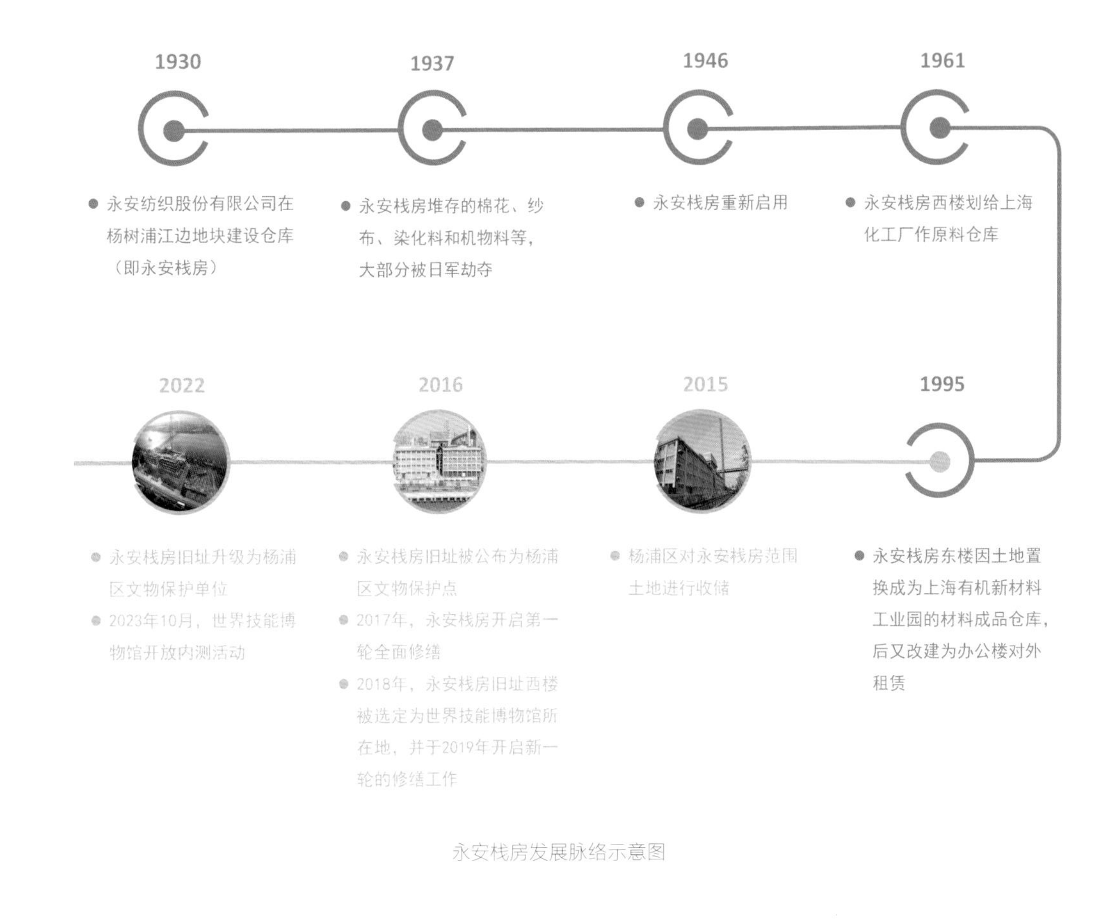

永安栈房发展脉络示意图

① 上海明悦建筑设计事务所有限公司，沈晓明；上海创盟国际建筑设计有限公司，袁烽；《杨浦滨江永安栈房文物保护及修缮工程》，2017 年。

4.5.1 历史变迁

永安栈房前身可追溯到1920年代初，旅澳华侨郭乐、郭顺集资创建永安纺织股份有限公司，选址在杨树浦西湖路建设第一家工厂（简称“永安一厂”），并在杨树浦江边购60余亩地（约4公顷）。[3] 现存的永安栈房旧址即为1930年在江边地块建设的2座4层大仓库，用于堆存永安各工厂的原棉物料、染化料和印染布等成品，便于集中调度管理。1937年抗日战争爆发，永安一厂被日军占领，栈房中堆存的棉花、纱布、染化料和机物料等大多被日军劫夺。1946年初，永安各厂及栈房陆续复工，但又由于外汇枯竭以及国民政府的压制和掠夺再度面临瘫痪。解放后，永安各厂在人民政府的扶持下逐步恢复生产。1960年，永安一厂与永安印染厂合并，更名“永安棉纺织印染厂”。1961年为发展化工业，永安栈房西楼划给上海化工厂作原料仓库。1966年，永安棉纺织印染厂改名为“上海第二十九棉纺织印染厂”。1995年上海第二十九棉纺织印染厂破产后，永安栈房东楼因土地置换成为上海有机新材料工业园的材料成品仓库，后又改建为办公楼对外租赁②。2015年杨浦区对永安栈房范围内土地进行收储。2016年永安栈房旧址被列为杨浦区文物保护点，并于2017年开启第一轮全面保护修缮工程。2018年永安栈房旧址西楼被选定为世界技能博物馆所在地，次年西楼启动了新一轮修缮，以适应博物馆的服务需求。2022年永安栈房旧址升级为杨浦区文物保护单位。

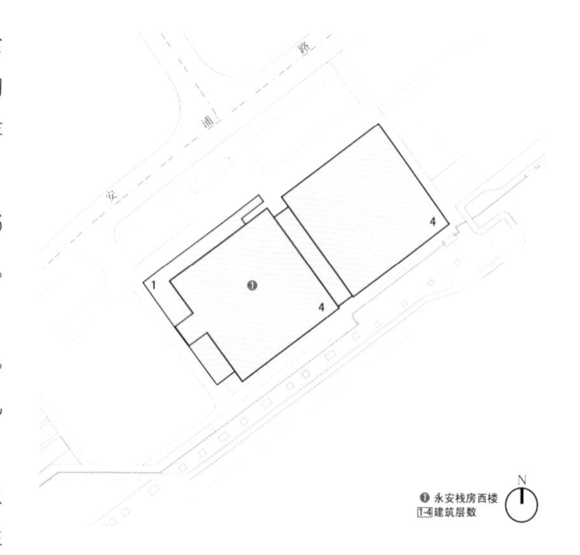

永安栈房分布图

4.5.2 空间特征

随着近代工业的发展，上海黄浦江沿岸曾涌现出许多体量较大、装饰较为简单的仓库建筑。与同时期的四行仓库、怡和洋行、苏州河仓库和太古洋行仓库等类似，永安栈房的建筑风格带有20世纪二、三十年代工厂仓库的典型特征。主要体现在：

（1）结构形式。永安栈房分为东、西两个对称的建筑体量，东、西两楼的平面均为正方形，对称布局，进深和开间均为8跨，跨距约6米。每栋每层面积2400平方米左右，一至四层的层高分别为4.9米、3.6米、3.6米和4.1米。栈房一至三层为钢筋混凝土板柱结构，选用当时最先进的无梁楼盖承重，以八角形棱柱支起棱角斗状柱帽托天花板，每层柱体根据不同受力设计不同的直径，极具特色[4]。四层为钢筋混凝土框架结构，顶部选用井格梁，结构柱截面从一层的650毫米×650毫米到四层逐层收缩到300毫米×300毫米[5]，展现了结构设计的合理性。这种结构能够为仓储提供较大尺度的空间，是当时仓库建筑中较为先进且常用的结构形式。

三层无梁楼盖结构（2017年修缮前）| © 上海创盟国际建筑设计有限公司

（2）立面风格。相比于上海同时期的公共建筑，永安栈房的立面装饰较为朴素：混凝土框架内填清水砖墙，设置长条高窗，外立面墙体采用水泥拉毛处理。两幢沿江并置的建筑界面比例协调，体量舒展，形态优美，线脚流畅简洁。修缮前，永安栈房西楼的水泥拉毛外立面、长条格窗和门窗结构保存状况较好。东楼由于曾改建为办公楼对外租赁，立面已改变：外墙大

四层顶部井格梁（2017年修缮前）| © 上海创盟国际建筑设计有限公司

② 同济大学建筑设计研究院（集团）有限公司，李立，《世界技能博物馆建筑改造及展示工程整体规划设计方案》，2019年。

部分被拆除，改为玻璃窗；原有的水泥拉毛墙面覆以涂料粉刷；内部增加电梯、楼梯、厕所等设施，对原有的建筑结构布局有较大改动。1999 年加建的西侧耳房和 2011 年拆除屋顶水箱等改造，也对栈房原始风貌和建筑特色造成一定破坏。

4.5.3 保护利用策略

1. 保护修缮：复现历史、以新补损

在 2017 年第一轮修缮中，永安栈房东、西两栋楼立面采用不同的保护修缮方式，力求复现永安栈房双子楼的历史风貌。西楼保存较好，其保护修缮力求修旧如旧，采用传统材料和工艺进行修缮。首先，针对建筑内部墙壁曾被反复涂刷的情况，多次用高压水枪对墙面和结构进行彻底冲洗，小心地修平、补色，使墙面呈现出钢筋混凝土结构素裸的状态。其次，外立面采用水泥压毛工艺和斩假石工艺，手工呈现原有墙面外观，并对外墙进行加厚、加固及内保温处理。再则，对于老旧的门窗构件，聘请老手工匠人按照原有式样进行修复。

东楼历史上改动较大，其保护修缮突显“以新补损”，用可识别的新材料重现老建筑的韵律和尺度。针对东楼在使用过程中已破坏的立面，采用玻璃丝网印刷工艺修缮，在视觉上还原历史立面的材质肌理。同时，以透光墙面材质替代原封闭墙壁，保证墙面的透光性，解决仓库建筑的室内采光问题，更好地满足现代使用功能需求，实现在外观不变的情况下提升实用性能。

永安栈房 2017 年修缮前沿江立面图 | © 上海创盟国际建筑设计有限公司

墙体外立面修缮中使用的各项特色工艺 | © 同济大学超大城市精细化治理（国际）研究院

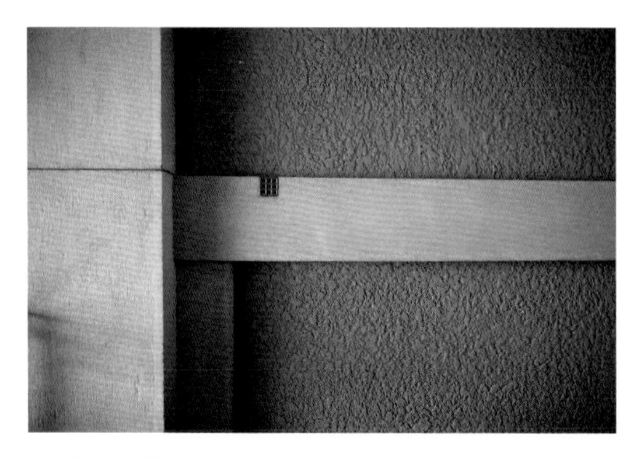

水泥拉毛工艺

斩假石工艺

东楼立面修缮中使用的玻璃丝网印刷工艺

东楼立面大面积玻璃窗 | © 田方方

丝网印刷玻璃的细部 | © 同济大学超大城市精细化治理（国际）研究院

屋顶原有水箱和观景厅体量前后对比 | © 上海创盟国际建筑设计有限公司

屋顶原有水箱

修缮后的屋顶观景厅

此外，东、西两楼顶层的水箱间在历年改造中遭到拆除。此次设计依据 1948 年、1979 年的航拍图和改造前的历史照片，按原样恢复建筑构件，并将其更新为面向公众的观景厅。

2. 安全保障：保留特征、最小干预

为满足使用需求并保障安全底线，永安栈房的修缮在“最小干预”的前提下进行结构加固。2017 年修缮的过程中，在保护原有结构体系的基础上，植入 8 个带有疏散楼梯功能的核心筒。这种方式不仅提高原有建筑的稳固度和抗震荷载、满足消防疏散和设备安装的需要，也最大限度地保留并呈现建筑原有的空间格局，避免过度干预造成对永安栈房文物价值、历史信息的改变。

2019 年启动的永安栈房旧址西楼（现世界技能博物馆）修缮工程中，采用在楼面以上增加反梁的方法，并利用反梁形成的构造空腔作为空调送风的管廊，将结构隐形加固与空调技术进行整合。这种方式不仅满足博物馆展陈的荷载需求及其他改造需求，也充分保留和展示原建筑的无梁楼盖建筑特征。

3. 空间再生：城市客厅、公共交融

永安栈房的两轮保护修缮工作，均十分注重建筑与城市公共空间的融合。2017 年的修缮工程中，为加强建筑之间以及建筑与外界的连通性，在保持原有连接体不变的情况下增加新的巨柱及楼梯，扩展二层平台范围，在二层联通东、西两侧的建筑空间，形成新的交通枢纽及观景平台，还可为下方交通空间提供遮蔽。[4] 巨柱以具有历史建筑特色的八角形柱为原型，将柱头、柱身、柱帽进行曲线形融合，实施中手工放样打造，同时利用柱子的形态进行雨水回收。

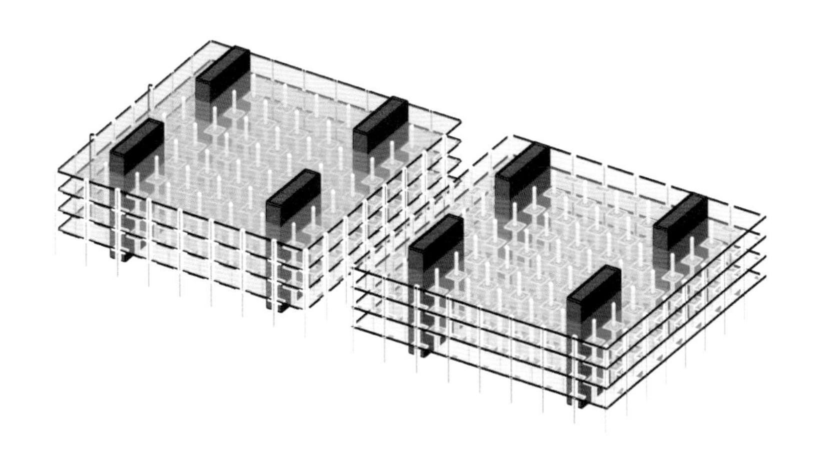

8 个功能核心筒植入示意图 | © 上海创盟国际建筑设计有限公司

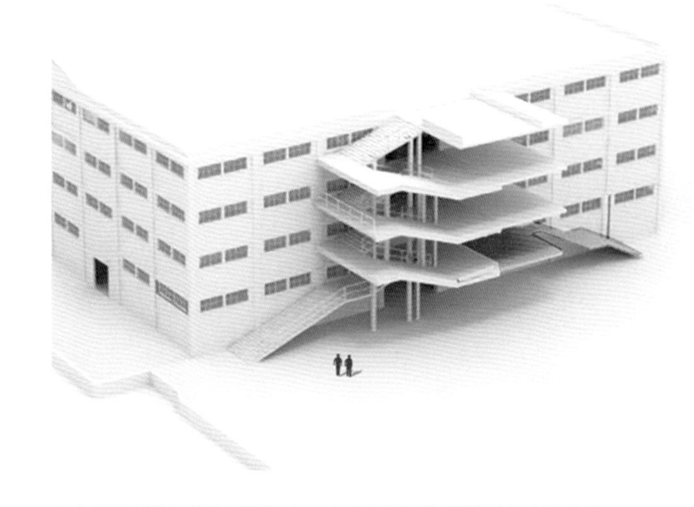

永安栈房新增连接体示意图 | © 上海创盟国际建筑设计有限公司

2019 年启动的修缮工程，在建筑融入公共空间方面也采取了多种措施。一是在建筑首层引入“城市客厅”的概念。为打破原仓库建筑立面封闭、内外隔绝的状态，使博物馆成为融入城市日常生活的公共活动空间，在建筑首层设置 L 形玻璃长廊打造“城市客厅”，作为博物馆激活城市空间的重要载体，通透的空间向城市展现出世界技能博物馆的开放姿态。

二是在建筑内部营造共享中庭。由于采用无梁楼盖结构，永安栈房原来的 4 层仓库空间较为匀质、水平，难以满足博物馆对开放空间的需求。为此，在不影响原有建筑结构安全性的基础上，通过对原有结构体系的潜力分析，建构一个层层递进的共享中庭空间，所有的楼板切割均未损伤原有的八角形柱帽，确保对原有结构体系的较小干预。这一手法增加了各层之间的视觉连接和不同功能区块之间的互动，为博物馆建筑创造了一个新的维度，历史建筑内部空间得到适应性的再生。

三是在建筑外部打造观景平台。为了实现内外交融的空间布局，促使建筑内部空间与城市景观、滨江景观的充分融合，永安栈房在建筑西侧打破原有耳房封闭空间对建筑空间的束缚。设计拆除 1990 年代后期加建的耳房，重新打造层次丰富的活动平台，为封闭的建筑体量提供与城市景观互动的可能。为有效缓解博物馆观展疲劳的问题，在环形流线的西侧、面向城市滨水区设置休憩区以及室外露台，强调室内外空间的交流互动。

建成的永安栈房新增连接体 | © 同济大学超大城市精细化治理（国际）研究院

永安栈房西侧耳房(2019年)|©同济大学建筑设计研究院(集团)有限公司若本建筑工作室

永安栈房西侧平台(2023年)|©上海维方建筑装饰工程有限公司

共享中庭空间|©同济大学超大城市精细化治理(国际)研究院

4. 功能分区：灵活多用、科学展陈

完成修缮的永安栈房西楼变身为世界技能博物馆，这是世界技能组织认可的、全球首家冠以“世界技能”的实体博物馆，拥有包括展示陈列、教育传播、国际交流、收藏保管和科学研究在内的五大核心功能[7]。世界技能博物馆在功能布局上避免使用传统博物馆刻板封闭的展示方式，转而注重博物馆的功能复合和体验创新，通过开放灵活的展陈布局和先进的科技展示手段，实现展、教、学、游的全面结合。博物馆各层功能布局如下：

（1）首层以公共活动为主：围绕层层递进的共享中庭，依次布置问询服务、临时展厅、文创商店等功能，空间开放多变。L形“城市客厅”作为永安栈房与城市空间的连接体，设置入口门厅、安检服务、咖啡休息和贵宾接待等服务空间。由此将博物馆融入城市的日常生活，营造良好的互动空间，衔接博物馆的公共服务功能与城市滨江绿地的公共活动。

（2）二、三层以展览为主：以开放的中庭空间为中心，环绕布展，并在其周边布置库房、设备间、办公室、卫生间等辅助功能用房。

（3）四层提供学习工坊与文献阅览空间，强调技能体验与学术交流，辅有多功能厅及以及会议室。

（4）屋顶作为公共空间开放给市民与参观游客，与杨浦滨江共享绿意盎然的屋顶花园，也作为游览路线的末端为观众提供轻松、舒适的氛围，创造独一无二的滨江观景体验平台。

建筑各层均设置面向西侧的景观休息平

屋面观景平台与向西眺望的景观｜© 同济大学超大城市精细化治理（国际）研究院

台，打破传统博物馆中沉闷的参观体验。通过展示空间、教育空间、学习空间、休闲空间的有机结合，提升展示手段的有效性、生动性、交互性与前瞻性，实现内部空间与城市景观、滨江景观的充分融合。

在流线组织上，世界技能博物馆北侧面向安浦路设置入口广场形成博物馆主入口，西侧面向公共绿地广场，且在沿江的一侧设置贵宾入口，东侧公共楼梯下部设置办公及货运入口。车行、人行流线的合理组织为博物馆的有序运营提供保障。

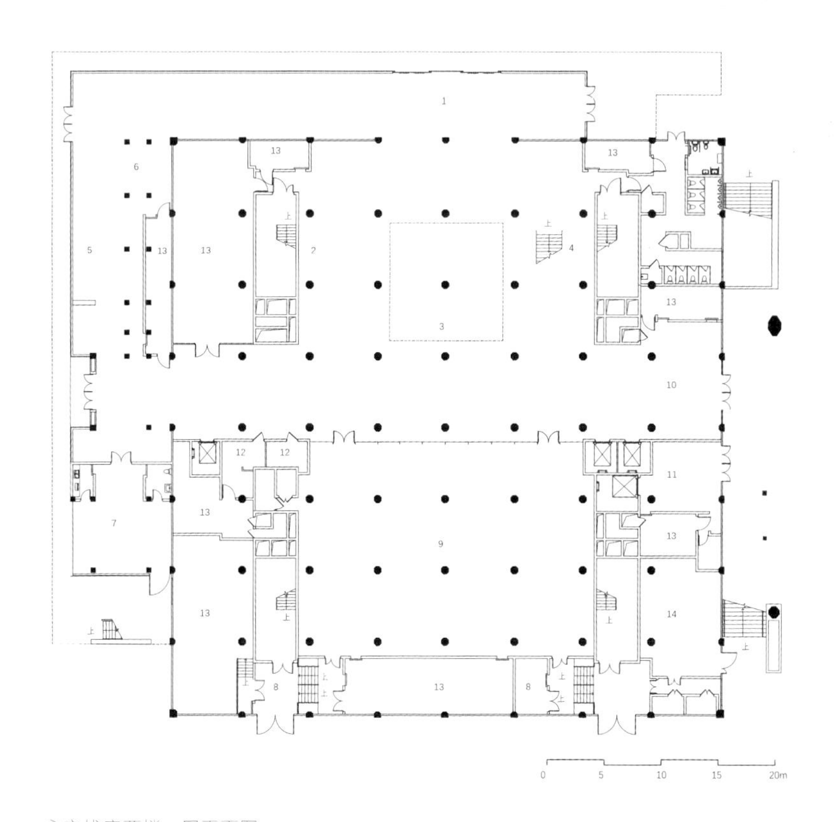

1. 门厅
2. 总服务台
3. 中央大厅
4. 存包处
5. 咖啡厅
6. 制作间
7. 贵宾接待室
8. 过厅
9. 临时展厅
10. 纪念品商店
11. 办公门厅
12. 辅助用房
13. 设备用房
14. 消防控制室

永安栈房西楼一层平面图

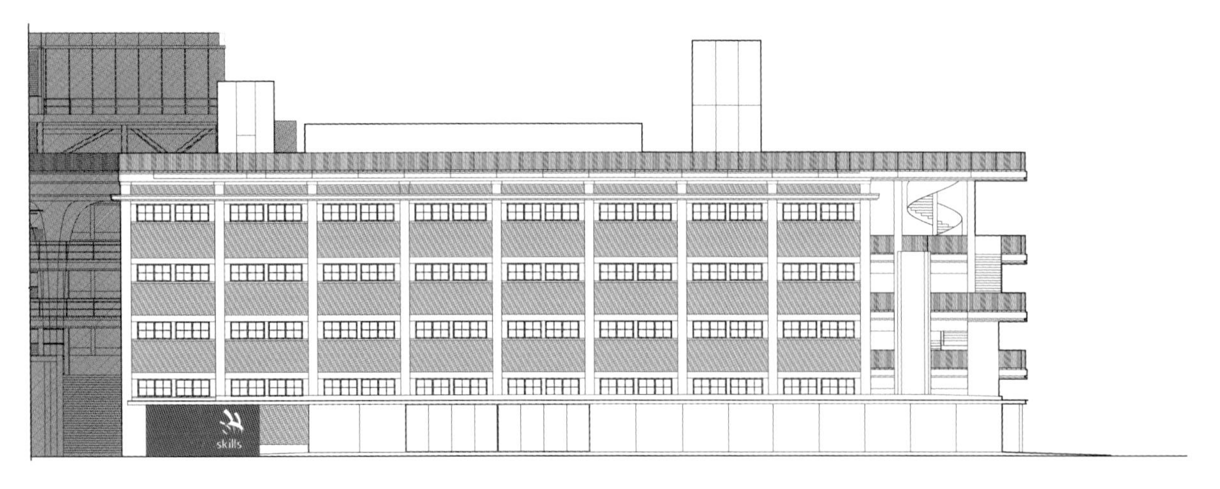

永安栈房西楼北立面图

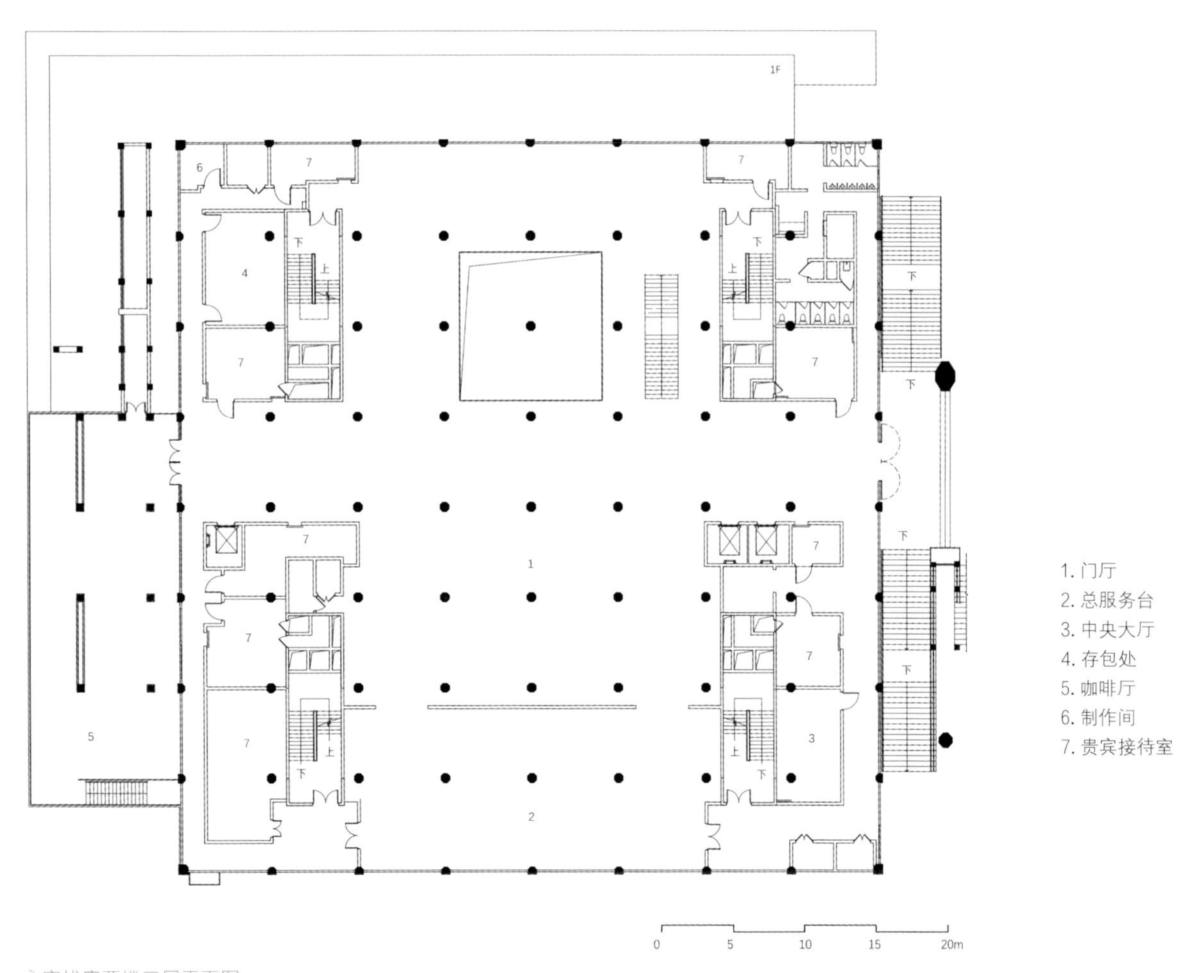

永安栈房西楼二层平面图

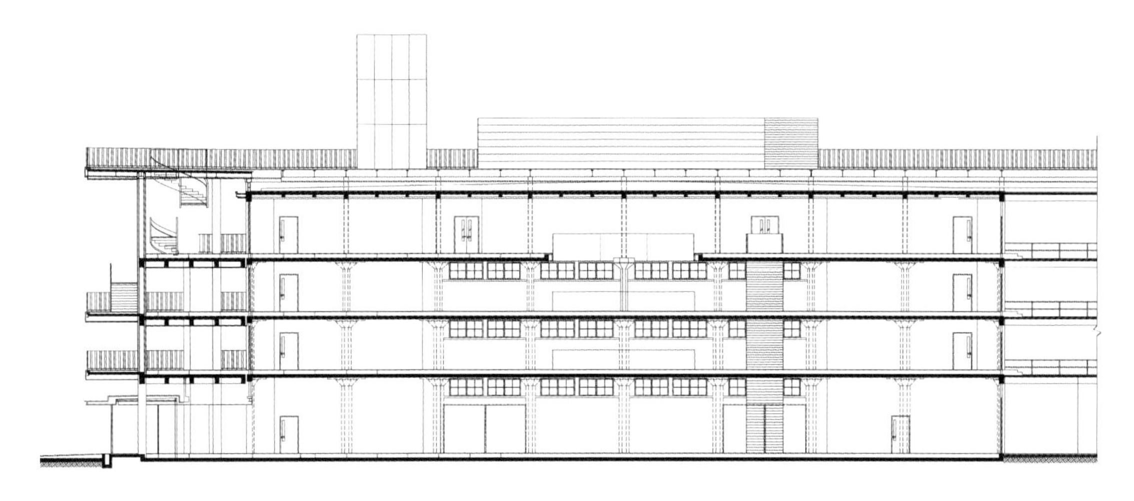
永安栈房西楼剖面图

黄浦江畔的永安栈房｜© 田方方

4.5.4 保护利用成效

如今，修缮后的永安栈房西楼以世界技能博物馆的身份服务城市。作为一个面向世界、面向未来、面向青少年的公益性博物馆，不仅将向公众开放，还将于共享时代背景下举办各类面向世界各地的交流展会、国际研讨会和公共教育活动。历史建筑的文化底蕴赋能场馆，世界技能博物馆不仅是上海杨浦滨江上璀璨的文化节点，更将成为世界的科技文化窗口。汇聚于馆中的众多藏品，则是世界上无数普通人基于共同价值观、技术和美学的对话。“技能成就梦想，技能改变人生”，不断推动技能共享、知识共享、文化共享，正是位于永安栈房的世界技能博物馆希望传递给世界的理念。[7]

除此之外，永安栈房得天独厚的区位条件、由地面至屋顶的观景流线，使其成为一览滨江景观的绝佳平台。当游览者漫步于杨浦滨江，背倚滔滔江水，由栈房的公共平台拾级而上，历史的痕迹提醒人们百年民族工业的栉风沐雨。驻足于屋顶的观景平台，放眼是下一个百年人民城市的美好。

参考文献

[1] 上海杨浦 . 向“世界级滨水区”的目标更进一步 | 学思践悟二十大 谋划发展新蓝图⑨ [EB/OL].[2023-05-29]. https://www.shyp.gov.cn/shypq/jwesd/20230306/423366.html.

[2] 上海市杨浦滨江综合开发管理指挥部办公室对区第十七届人大第三次会议第 A-102 号代表建议、批评和意见的答复 [EB/OL].[2023-07-06].

[3] 上海市杨浦区文化局 , 上海市杨浦区档案局 . 踏径寻踪：杨树浦历史变迁 [M]. 上海：上海书店出版社 , 2015.

[4] 袁烽 , 魏晓雨 , 吕凝珏 . “新旧孪生”——杨浦滨江永安栈房旧址修缮工程 [J]. 建筑遗产 , 2019(4): 98-109.

[5] 永安栈房：工业遗产建筑的百年之旅 [N]. 文汇报，2022-03-04：11.

[6] 北京市门头沟区人力资源和社会保障局 . 世界技能博物馆简介 _[EB/OL]. [2022-10-11]. http://www.bjmtg.gov.cn/mtg11J020/gzdt52/202205/f9b66034c1f54ec596dfb6dd808b7772.shtml.

[7] 李桂杰 . 世界技能博物馆举行线上主题活动举行 [EB/OL].[2023-07-07]. http://news.cyol.com/gb/articles/2022-05/18/content_nKRbbcePM.html.

皂梦空间鸟瞰图 | © 田方方

4.6 皂梦空间

上海制皂厂原污水处理车间以及生产池

项目概况

项目地址	上海市杨浦区杨树浦路 2310 号	建设单位	上海杨浦滨江投资开发（集团）有限公司
保护级别	/	设计单位	致正建筑工作室、CONCOM- 集良建筑、蘑菇云设计工作室（室内）
项目时间	2018-2019 年		
原功能	制皂工艺污水处理、生产池	施工单位	上海维方建筑装饰工程有限公司、上海恒盈建设发展有限公司
现功能	展览、艺术、手作、体验、咖啡、餐饮		
建筑面积	6349 平方米		

皂梦空间改造前后对比照片

改造前｜© 致正建筑工作室

修缮后｜© 田方方

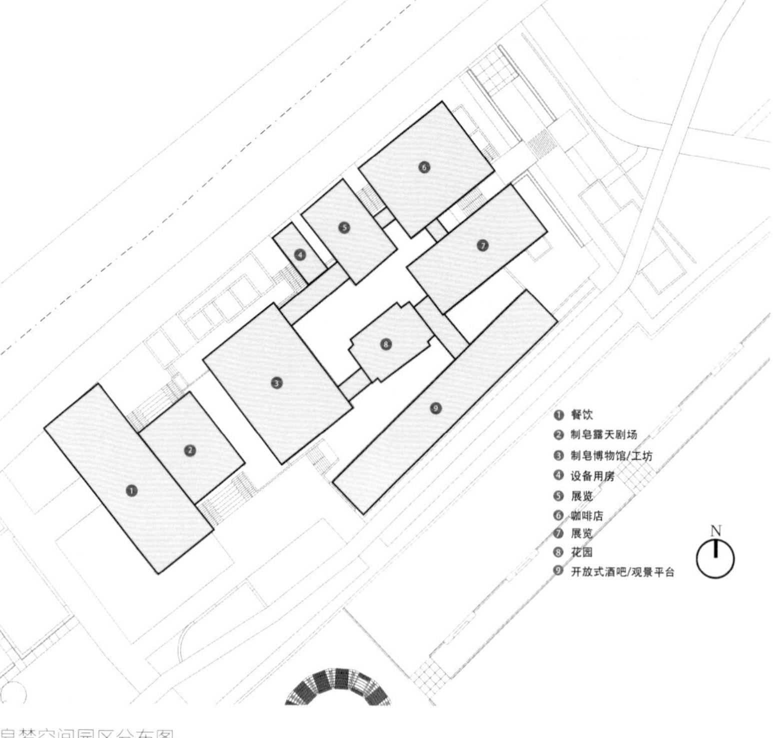

皂梦空间园区分布图

项目简介

皂梦空间，即原上海制皂厂原污水处理车间以及生产池，位于杨树浦路 2310 号，南临黄浦江，西接电站辅机厂东厂，东为原上海煤气公司杨树浦煤气厂。上海制皂厂的前身英商中国肥皂有限公司，由著名的英国肥皂托拉斯——利华兄弟公司（Lever Brothers & Unilever）于 1923 年投资建造，1925 年正式投产，是其在远东最大的子公司，占中国肥皂市场销量的一半以上，拥有“祥茂”“日光”“利华”“力士”等知名洗衣皂、香皂品牌。

2008 年后，随着越来越多的上海制造业外迁，上海制皂厂逐步搬离杨浦滨江，厂区内的工业建筑开始闲置。由于这些建筑并不具有保护身份，原有水池等构筑物亦列入待拆除的行列。2019 年第三届上海城市空间艺术季策展期间，设计师通过梳理历史资料和实地调研发现，制皂厂的水处理设备完整体现了制皂工艺流程，极具特色。后经过各方专家的多轮论证，这座百年制皂厂中的部分建、构筑物获得“起死回生”的机会。昔日制皂厂的一方空间，如今成为杨浦滨江沿岸集展览展示、手工互动和咖啡休闲于一体的网红打卡点——皂梦空间。

4.6.1 历史变迁

上海制皂厂前身是创建于1923年的“英商中国肥皂有限公司”。工厂于1924年动工并于1925年正式投产，厂内设备均向英国定制，当年年产量4183吨，合23万余箱，是当时远东规模最大的肥皂制造企业[1]。抗日战争开始后，公司遭受日军侵略破坏，生产经营每况愈下。1941年日军占领英商中国肥皂有限公司，并于1942年委托日本帝国油脂株式会社管理，改名为“中国肥皂厂”。1945年底英商收回产权。1952年肥皂厂由上海市人民政府接管，由华东工业部益民工业公司管理，更名为“华东工业部中国肥皂公司”[2]。1953年、1955年先后更名为“国营中国肥皂公司”“国营上海制皂厂”。1958年以来上海制皂厂兼并了多个制皂工厂和车间，1960年成为当时上海唯一的专业制皂厂。1986年，英国联合利华公司与上海制皂厂、上海日用化学工业技术开发公司合资成立“上海利华有限公司”[1]，利用上海制皂厂的厂房和设备生产继续扩大生产。1994年上海制皂厂与英国联合利华有限公司合资组建“上海制皂有限公司”，成为当时中国生产规模最大的制皂合资企业。2008年，上海制皂有限公司生产和办公地搬迁，原厂区对外租赁。2014年由杨浦区进行土地收储，2019年配合第三届上海城市空间艺术季，上海制皂厂原污水处理车间以及生产池等变身为“皂梦空间”。

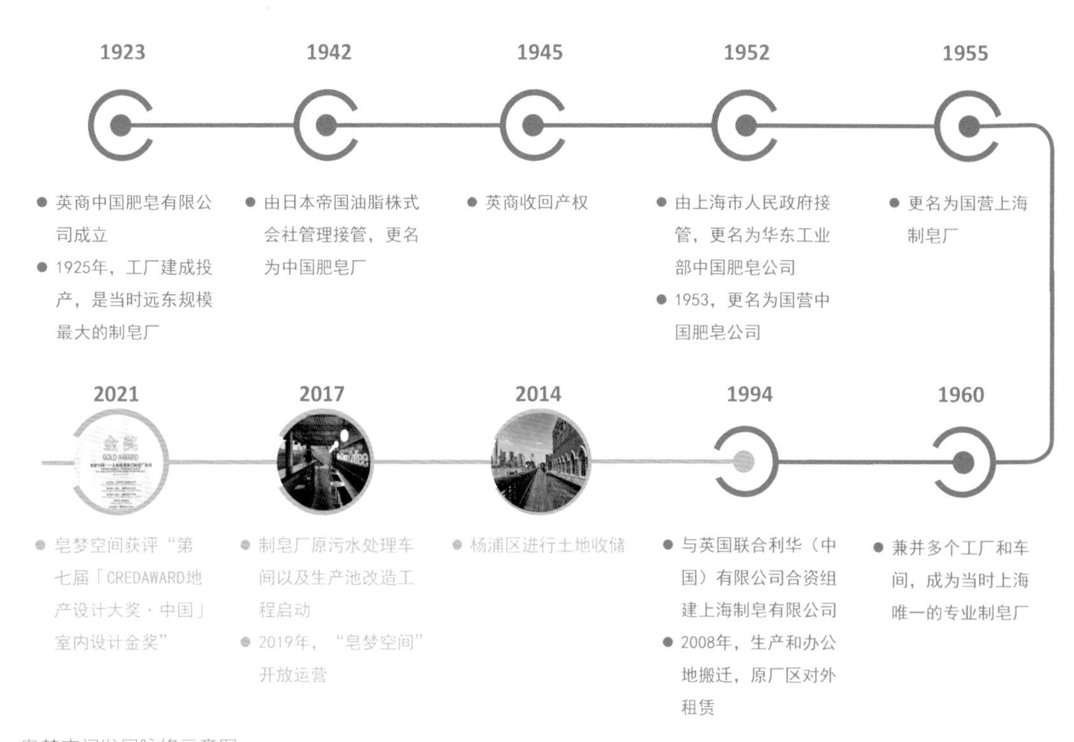

皂梦空间发展脉络示意图

4.6.2 空间特征

上海制皂厂的空间特征，体现在厂区内按照生产工艺流程布局的一组建、构筑物。其中，生产车间的中压水解楼（1号建筑）与临时仓库（2号建筑）紧邻，形成一个四层体量的小组团。中压水解楼高四层，混凝土框架结构，内部为挑高的大空间，用来放置大型生产设备。建筑的两部楼梯分置于南北两侧，为开敞式。沿楼梯上下，通过开敞的窗洞，可以望见远处的杨浦大桥与黄浦江江面。东侧贴邻的仓库为8米挑高的单层空间，采用钢结构屋架及檩条，用于临时堆放生产资料。

3-8号建筑物是工厂的环保科净水设备，由一系列混凝土水池（调节池、格栅池、生物转盘池、气浮池、次氯酸钠池）、观测楼组成。这些大大小小的水池排列成南北两排，各自独立，但又通过管道相连，形成一个尺度宜人、轻松活泼的小型聚落。生产污水由管道流经不同的水池，上下前后流转，经过沉淀、过滤、杀菌消毒等工序，达到排放标准，最后流入黄浦江。

9号建筑为污水监测楼，混凝土框架结构，东西长约50米，南北较窄，共6层。建筑紧贴防汛墙，亲水临江，风景极佳。

污水净化池于20世纪90年代初启用，在2010年前后停用。至2017年设计师走入勘探，在无人维护的条件下，植被野蛮生长了7年，大自然为这些房子与水池披上了一层四季变化的外衣。爬山虎爬满建筑物的

肥皂剧场｜ © 皂梦空间

皂梦空间室内结构｜ © 夏至

改造后的皂梦空间｜ © 皂梦空间

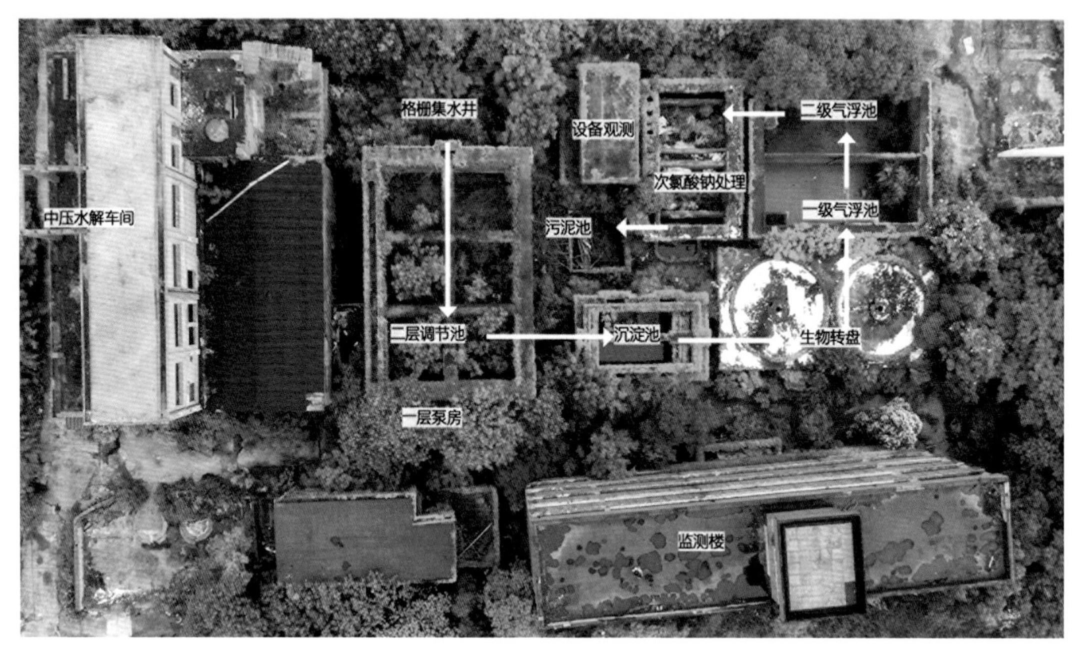

改造前上海制皂厂污水处理流程分析图｜ © CONCOM- 集良建筑

外墙，甚至有几棵构树从池子里探出了头。围墙外饰面原为水洗石，棕色、绿色、红色的玻璃与水洗石粘合在一起。远观，安静且统一；近观，细腻的肌理里混着 20 世纪 90 年代的亲切感。

4.6.3 保护利用策略

1. 功能转型：呼应历史、沉浸体验

皂梦空间的改造延续了杨浦滨江“有限介入、低冲击改造”的更新策略和“保野趣、保生鲜、保自然、保慢活”的设计原则 [3]，将其定位为以制皂工艺流程为展示内容，以行、看、听、闻等多感官沉浸式体验为核心的制皂主题公共活动空间。

功能方面，在保留原中压水解车间和原监测楼建筑框架的前提下，皂梦空间采取楼层减量、加盖屋顶、功能重组等技术措施，充分展示制皂工艺并满足参观者的新需求。例如，原中压水解车间减量为一层，增设夹层作为肥皂主题的餐饮设施；紧邻的仓库变为露天的肥皂剧场；原监测楼减量改造为单层半埋的公共性较强的观景平台，成为眺望江景的绝佳空间；原污水净化设备结合原始空间特色改造为制皂博物馆、制皂工坊、花园、展览、咖啡和设备用房等。[3]

体验方面，调节池的一层是皂梦空间的核心展览区，游人可以通过北侧新增入口进入，并由楼梯通往屋顶花园。二层的混凝土墙体，被切割成一幅幅巨大的取景框，游人得以欣赏各个方向的风景。格栅池的设计有意保留原有的室外属性，将其改造为一处下沉花园。生物转盘池大部分埋在地下，屋顶

由管道改造成的“共享隧道” | © 夏至

皂梦空间墙绘 | © 徐成章

的两处圆盘植栽佛甲草，连绵起伏。设计方案保留了东立面的连排窗，并与挡土墙形成对景，构成下沉采光天井。空间内部结合艺术装置，形成一处以感官体验为主题的暗空间。气浮池的设计在水池内部新浇筑一层木模混凝土，藏入机电管线，同时作为水池的内饰面。在水池的上部增加木屋架，上覆膜结构气枕。自然光的引入，调和了混凝土的粗糙、膜的柔性与木的温暖。

同时，皂梦空间建、构筑物周边的绿化植被，结合油罐、矮墙等历史遗存物和制皂元素，设计不同的主题打造成油罐花园、香料花圃、泡桐广场等，与杨浦滨江公共开放空间的景观体系相衔接。

2. 空间活化：趣味空间、记忆复现

皂梦空间为参观者设计了一系列的趣味空间。首先，改造方案将半室外的污水处理池转化为公共空间；将沉淀池之间的原始场地抬高到 7 米标高，作为登高眺望的观江平台，下部则通过直径 2 米的钢管通道将不同的沉淀池串联互通——保持制皂厂原始风貌的同时，也创造出地上与地下两条不同体验的浏览路径，地下空间的紧凑感与登高望江的开阔感形成强烈对比。其次，方案利用标高设计出一套明暗转换、内外翻转的立体游览系统：赋予地面水池观赏功能，室内空间通过浮起的钢栈道相互连通并达到移步换景的效果，屋面增加景观平台。此外，白七咖啡馆及其相邻空间的整个屋顶由半透明膜结构制成，仿佛将游客罩在一个巨大的肥皂泡泡里，呼应主题的同时也带来独一无二的空间体验。

将制皂生产重构为趣味空间的同时，皂梦

皂梦空间滨江掠影 | © 田方方

白七咖啡的半户外下沉空间 | © 夏至

白七咖啡 | © 夏至

入口

室内空间

空间格外注重工业记忆的传承与再现。改造方案片段式地保留厂区之间遗留的界墙，以原始墙基为线索，砌筑红砖矮墙，还原历史空间格局，形成半开半合的庭院；在建筑外墙上保留制皂厂原有车间的名称，并附有工艺流程简介的二维码，游览者通过扫码即可了解对应建、构筑物在制皂生产流程中的作用。如“中压水解楼”是进行油脂处理的生产车间，通过对油脂的水解处理获得脂肪酸后再进行皂化。[4] 这些见证了时代变迁、展现城市肌理的历史痕迹，与绿植构成新的景观与空间节点，继续创造着新的记忆。

3. 运营管理：互动体验、工艺流程

除了对建筑空间的改造，皂梦空间在室内空间的运营管理上也独具匠心。不同于一般“先设计、后运营”的工作思路，改造团队在设计早期邀请运营团队的参与，从运营角度提出未来空间使用的需求，并通过建筑、景观、室内、照明、展陈、策划等多部门协作，优化皂梦空间的体验路径设计。

皂梦空间的业态导入和运营将制皂工艺的理念贯穿始终。引入的新业态包括“白七”咖啡馆、产品展览、手动 DIY 香皂体验区、互动视觉艺术装置和源于制皂鲜花精油的“花食”餐厅。设计师通过一系列的空间设计和艺术装置，串联咖啡、展示、餐饮、艺术事件、制皂实验室等创意公共活动功能和场景，同时也创造了富有活力的公共空间。在这些公共空间中，游览者可以回顾品牌历史、学习制皂工艺并体验当下的艺术场景。

在展陈方面，皂梦空间还采用动态视觉装置给游览者呈现独特的艺术体验感——将制皂流程转化为空间体验，带公众深入

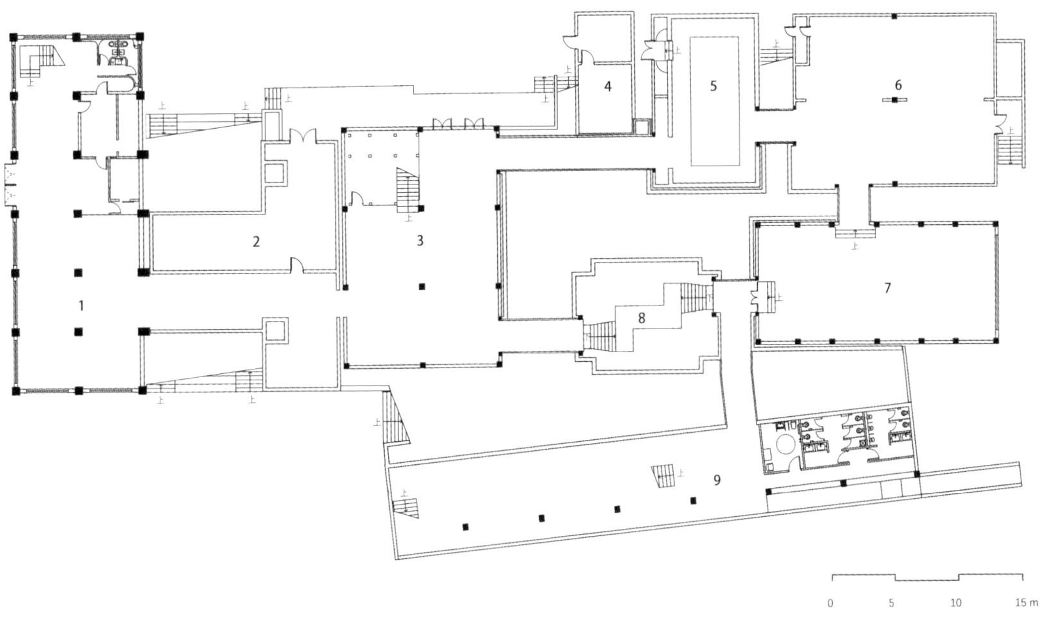

1. 餐厅
2. 辅助用房
3. 制皂博物馆
4. 设备用房
5. 展览
6. 白七咖啡
7. 展览
8. 花园
9. 开放式酒吧

皂梦空间一层平面图

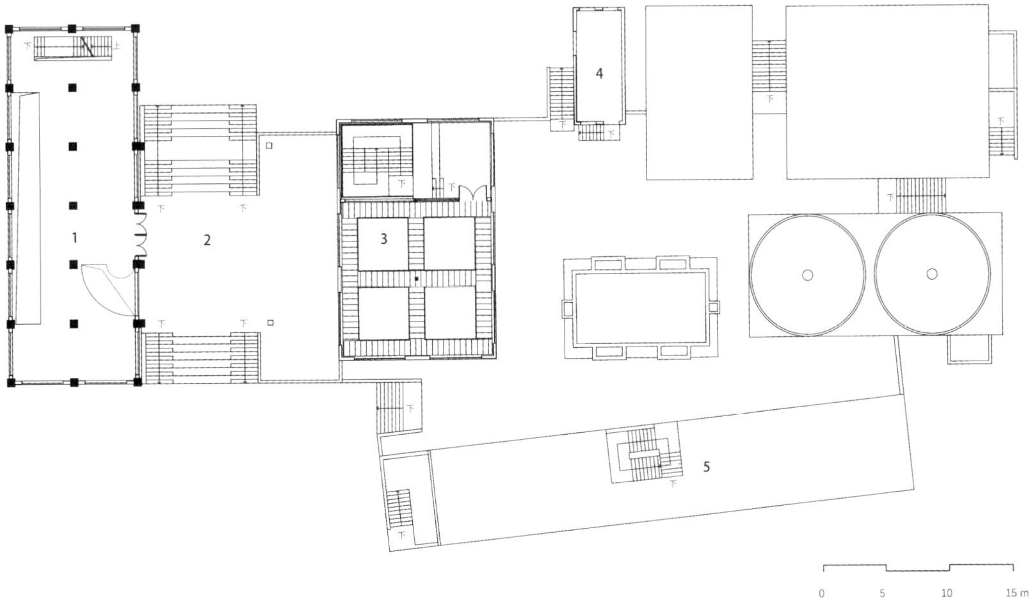

1. 餐厅
2. 肥皂剧场
3. 工坊
4. 设备用房
5. 观景平台

0 5 10 15 m

皂梦空间二层平面图

皂梦空间北立面图

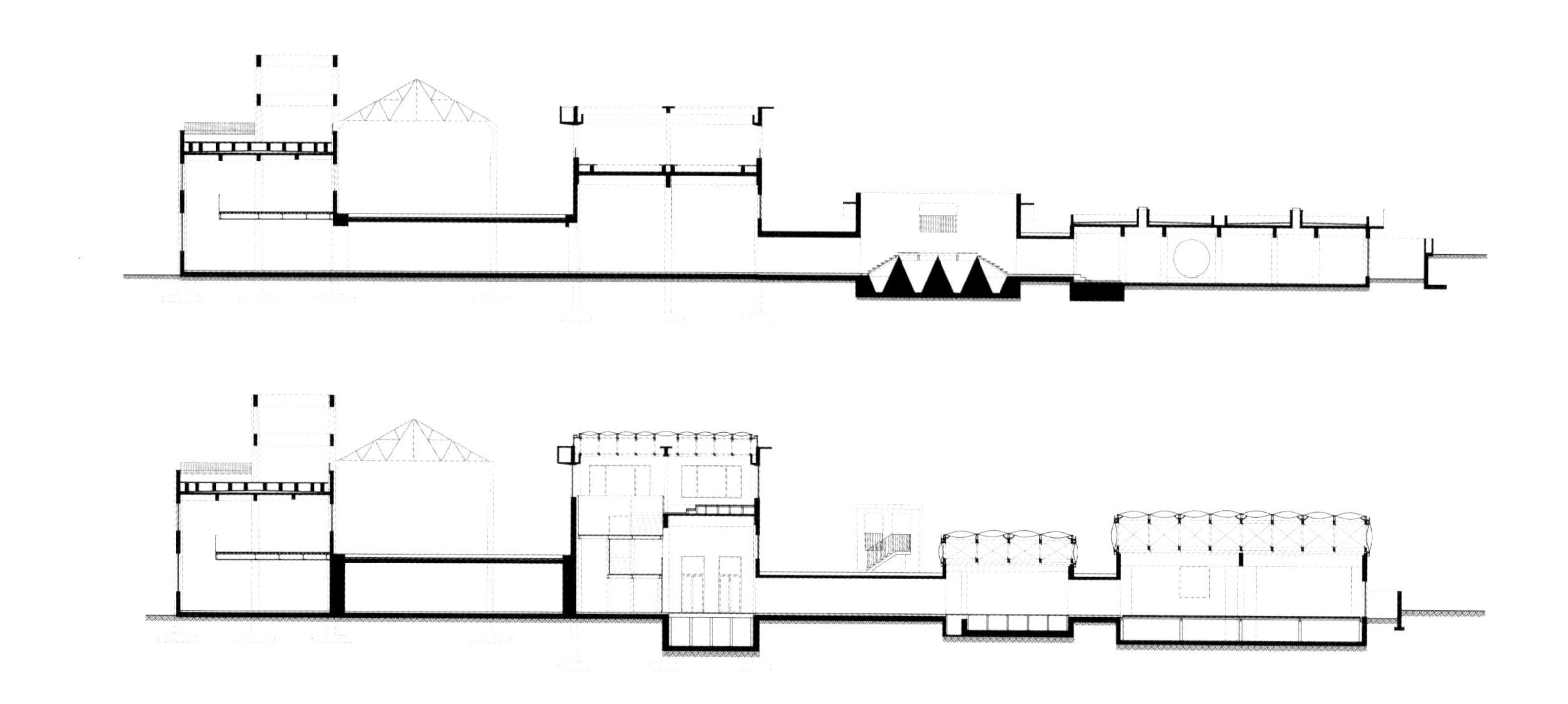

皂梦空间剖面图

了解制皂原料是如何在自然中采集、经历人工处理的工艺流程、成为肥皂被使用、最终归于大地和河流中的。[5] 贯穿于空间中的还有上海人熟悉的药皂标语和广告，它们变成文化符号，以涂鸦墙等形式在空间中展示，唤醒大众的时代记忆。

4.6.4 保护利用成效

皂梦空间不仅保留了上海制皂厂的建筑肌理和历史故事，更通过新媒体艺术让上海制皂厂的历史故事焕发新生。这里逐渐成为上海年轻人品咖啡、看展览的潮流“打卡地”，它向公众展示着杨浦的工业文明，也向世界展示着全新的“上海制皂”。

自投入使用以来，皂梦空间的主题展览颇受青少年群体的喜爱，如控江中学的同学在这里展开《废弃物再生设计》文创导航课，围绕塑料废弃物再造展开讨论、学习皂梦空间的设计思维、体验交互展览的创意装置。[6] 在历史感与现代感交融的空间里，老物件与当代艺术融合，延续了上海制皂厂的历史文脉。如今，上海制皂厂过去工业生产线中的物料流线，在改造后被置换成公共空间体验中的市民流线。不同于博物馆的厚重和沉淀，皂梦空间营造的历史感更加轻盈，强调通过体验在不经意间“重遇”曾经的记忆。通过引入与肥皂主题和生活方式有关的公共活动，皂梦空间为市民打造“皂”主题的空间叙事线和梦幻的制皂体验空间。老物件与当代新艺术结合在一起变身为不同的艺术装置，提醒着人们历史从未走远。

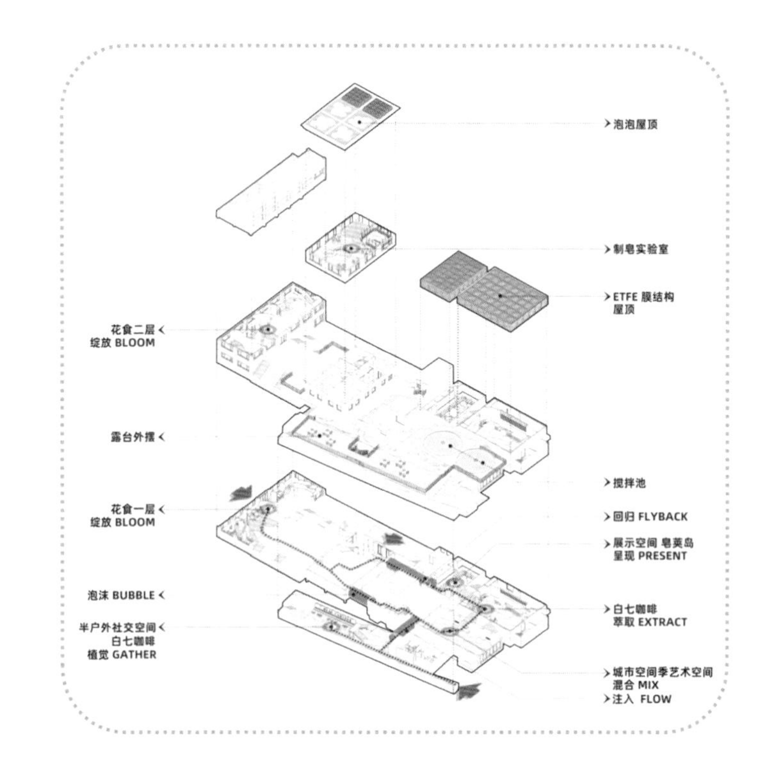

皂梦空间室内设计分析图 | © 蘑菇云设计工作室

《一年 / 一万年》（上海城市空间艺术季作品）| © 吴云峰

皂梦空间潮流“打卡点” | © 蔡康人

参考文献

[1] 轻工业部经济研究所 . 中国轻工业年鉴 1988[M]. 北京：中国轻工业出版社，1988.

[2] 上海制皂厂厂编纂委员会 . 上海制皂厂厂志 [M]. 上海：上海社会科学院出版社，1993.

[3] 张斌 . 公共性的重新装载与动态演进：杨树浦六厂滨江公共空间更新中三处无名工业遗产的保存与再利用 [J]. 建筑实践 , 2021(11): 168-175.

[4] 陈爱平 . 打卡工业遗存 I 在杨浦滨江“皂”个梦 [EB/OL].[2023-04-25]. http://www.news.cn/local/2021-12/20/c_1128181591.htm.

[5] 皂梦空间：上海杨浦滨江制皂厂空间改造 / 蘑菇云设计工作室 [EB/OL].[2022-05-13].https://www.archiposition.com/items/20220424021439.

[6] 上海市控江中学官微 . 百年回忆 滨江创“皂”[EB/OL].[2023-06-11]. http://www.shkjzx.edu.sh.cn/info/1025/3491.htm.

作为上海城市空间艺术季主展场之一的1、2号船坞鸟瞰图｜© 同济原作设计工作室

4.7 长江口二号古船博物馆（筹）

瑞镕船厂旧址

项目概况

项目地址	上海市杨浦区杨树浦路640号	建筑面积	/
保护级别	/	建设单位	/
项目时间	2022年起	设计单位	/
原功能	修船、造船	施工单位	/
现功能	长江口二号古船博物馆（筹）		

改造前的瑞镕船厂 1 号、2 号船坞 | © 同济大学常青团队

项目简介

瑞镕船厂北临杨树浦路、南邻黄浦江、东至原英商怡和纱厂、西至上海天章记录纸厂。船厂于 1900 年兴建，1903 年开挖船坞，建成后经历了第一次世界大战和第二次世界大战，先后归属英联船厂、三菱株式会社江南造船所、国民政府海军部。新中国成立后，瑞镕船厂先被上海市军事管制委员会征用，随后并入上海船舶修造厂。1985 年船厂改名为“上海船厂浦西修船分厂”，并在 2006-2007 年对 1 号、2 号船坞进行维修改造。2014 年，上海船厂浦西修船分厂停产，船坞停产弃用。目前瑞镕船厂旧址包括 1 号、2 号船坞，上海船厂浦西修船分厂办公室（已认定为上海市优秀历史建筑），小白楼和大白楼，杨树浦咖啡（原码头动力电机房及工具间），船厂变频机房（原码头变频机房），老厂房（更新改造为抖音集团上海滨江中心）[1]。

2015 年，在长江口崇明横沙水域发现了迄今我国水下考古挖掘中体量最大的木质古船——长江口二号，遂进行整体打捞。2022 年 11 月 21 日，古船成功实施整体打捞出水，25 日古船成功落座船厂 1 号船坞，标志着整体打捞工作圆满完成。未来将利用上海船厂的船坞和场地中的毛麻仓库和小白楼一起改造为长江口二号古船博物馆（筹）。这座博物馆未来将是一座可同步开展考古发掘、文物保护、科学研究和展示教育的活态考古遗址博物馆，让更多人了解中国水下考古事业的发展历程。

① 上海明悦建筑设计事务所沈晓明，《抖音集团上海滨江中心项目历史建筑保护专篇》，2022 年。

4.7.1 历史变迁

1900 年，德商瑞记洋行在今杨树浦路 516 号开办瑞镕船厂，船坞于 1903 年开挖，建成后可造 500 吨以下的各类浅水船、拖船、驳船和游览船。[1]1905 年，另一家德资企业开办万隆铁工厂（今杨树浦路 640 号）。1912 年，瑞镕船厂兼并万隆铁工厂，统称“瑞镕船厂”。1918 年，随着船厂厂主转入英国籍，瑞镕船厂也成为英商企业。1936 年，瑞镕船厂与耶松船厂②合并，成立英联船厂并将总厂设在瑞镕船厂，职工近 1000 人，拥有 4 座大型船坞（包括杨树浦 1 号、2 号船坞）。[2]太平洋战争爆发后，日军接管英联船厂，将瑞镕船厂所在的杨树浦总厂改名为“三菱株式会社江南造船所杨树浦工场”。1943 年 5 月，杨树浦工场并入怡和纱厂和公大纺织厂（日商 1910 年设立），以扩大日军军火生产基地。在抗日战争后，国民政府海军部接管船厂后，于 1945 年归还英商并恢复原有厂名。[3]1952 年 8 月 15 日，上海市军事管制委员会宣布征用英联船厂，改名“军管英联船厂”。[3]1954 年 1 月 1 日，军管英联船厂主厂（即原瑞镕船厂）并入上海船舶修造厂（原招商局船舶修理厂），并于 1982 年由交通部划归中国船舶工业总公司，1985 年改名为“上海船厂”，原瑞镕船厂为浦西修船分厂。[1]1998 年，上海船厂浦西分厂 2 号船坞改扩建工程正式启动。2006 年，上海船厂浦西分厂 2 号船坞“修改造”工程正式启动，并于翌年 3 月竣工。2007 年，上海船厂浦西分厂 1 号船坞“修改造”工程正式启动。2014 年浦西修船分厂正式停产，原址船坞停产弃用。2015 年，杨浦区对上海

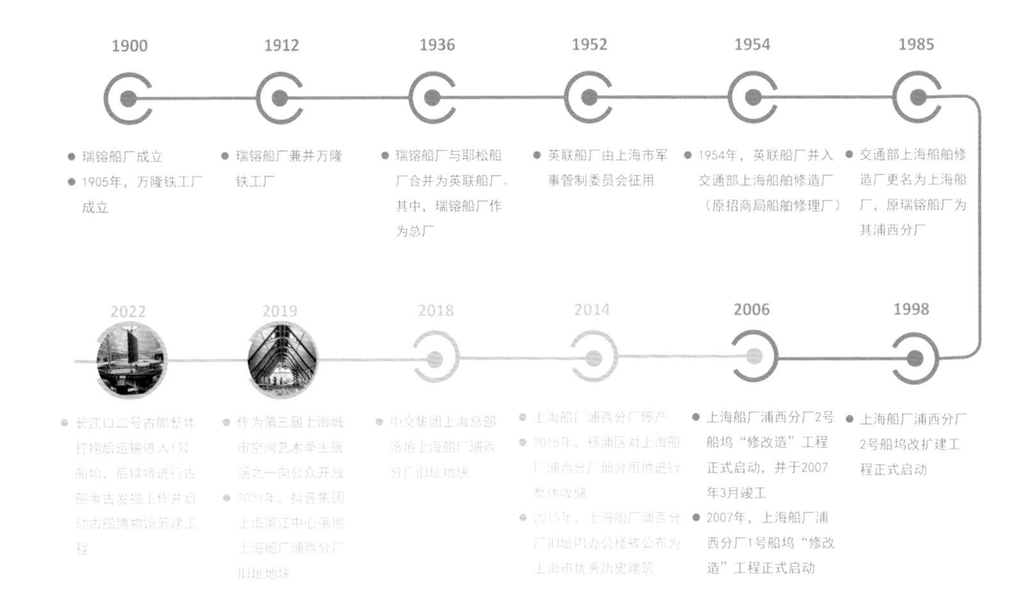

瑞镕船厂发展脉络示意图

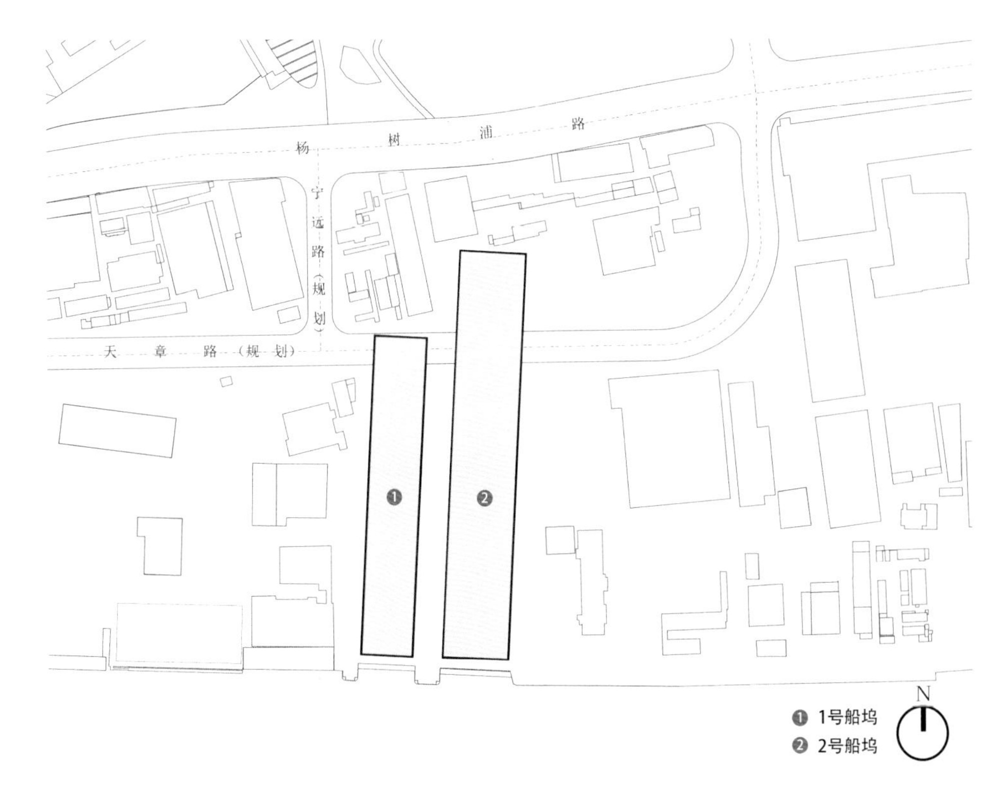

瑞镕船厂分布图

② 即 S. C. Farnham & Co.，英商 1865 年在上海设立的船舶修造厂。开始时租用上海与浦东两船坞公司的设备并加以修建。1870 年代后扩充规模，改良设备，增强修造船舶的能力。1892 年改组成股份有限公司。1900 年，与英国在上海的另一家大船厂祥生船厂联合，改组为耶松船厂公司，资本增至 557 万两。1906 年改名为“耶松有限公司”。从此，垄断中国船舶修造业三十余年，为英国在华工业投资中最大的企业之一。

船厂浦西分厂部分用地整体收储。2018 年，中交集团上海总部落地上海船厂浦西分厂。2019 年，该场地作为主展场承办上海城市空间艺术季。2021 年，抖音集团上海滨江中心落地上海船厂浦西分厂地块。2022 年，长江口二号古船落座上海船厂浦西分厂 1 号船坞并筹建长江口二号古船博物馆。

4.7.2 空间特征

瑞镕船厂因为需要满足停泊、造船和修船等不同功能需求，所以在空间上呈现出垂江方向的船坞空间和沿江方向的码头空间的组合特征。其中，船坞空间因为相对滨江周围地面垂直方向的下沉和相对黄浦江沿江方向的内凹，呈现出垂江的空间层次差异。而码头空间因为设置停泊和货物装卸等设施，而呈现出沿江的空间界面差异。

1. 瑞镕船厂 1 号、2 号船坞

两座船坞是瑞镕船厂中最具特征的空间要素。一是尺度大。两座船坞属于尺度超常的大“深坑”：1 号船坞长 200 米、宽 30 米、深 36 米；2 号船坞长 260 米、宽 44 米宽、深 11 米，分别可修 5 万吨和 8 万吨的船只。二是围护材料特殊。1、2 号船坞的围护材料属于钢板桩墙面，经历多年的反复涂刷，呈现出特有的斑驳沧桑之美，折射出时间的厚度和时代的厚重。正是由于空间尺度和结构材料的极端特殊性，两座船坞在停用后的数年中都未能找到与之匹配的新功能，一度闲置。如何充分利用这一特殊空间，在不改变历史原貌的前提下，使船坞与新功能相得益彰，成为改造利用的重点和难点。此外，船坞两侧还遗留有不同年代服务于船坞作业的各类设施（如吊车、吊车轨道、船坞扶梯、船坞设备、船坞轨道等），这些设施也成为窥探不同时代造船工业技术的窗口。

2. 瑞镕船厂码头

除了造船、修船的功能外，1、2 号船坞沿黄浦江一侧，至今仍然能看到不同历史时期遗留的具有停泊和货物装卸功能的码头设施，如驳岸、系缆桩、船用阀门、护岸、锚地、港区道路与堆场等生产与生产辅助设施。虽然这些装置与设施已经不再使用，但是作为上海工业启航和发展阶段留存的重要历史符号和工业遗迹，它们已成为了解城市历史、体验工业文化的重要物质载体。

上海船厂浦西厂区为中波公司建造 2.6 万吨重吊船的情景（2014 年）| © 葛珺

4.7.3 保护利用策略

1. 临时性改造再利用，重构建筑与空间的关系

2019 年上海城市空间艺术季将船坞连同毛麻仓库一起选定为艺术季的主展场，而且船坞作为第一件展品。艺术季要求在短时间内完成改造并投入使用，而且（考虑到结构的安全性）新建部分对瑞镕船厂船坞现状的影响要控制到最低限度。[③] 基于此，船坞的改造设计采用“低介入、高可逆”理念，充分利用船坞空间的特殊性，通过打造临时性、大尺度的公共空间来满足大型文化活动的需求。

针对 1 号船坞，新构筑物包括船坞北侧的看台和面向看台的船形舞台。看台采用模数化钢板连续拼接，形成逐级跌落的大片金属面；船形舞台采用与船坞侧壁同构的钢板桩，以减弱新造物与船坞既有建成环境的差异感。[5]

针对 2 号船坞，改造在北侧架设一处花架的廊道，以沟通场地东西两侧的公共出入口。[5] 中间部分使用金属板材铺设大台阶（顶部通道连接东西，自北向南逐级跌落）。观众坐在大台阶上，面对镜面水景和坞墩阵。大台阶下设置一个半室外的集会空间，既能提供一个功能完备的报告厅，又因为半开放的空间特征，实现了与船坞空间的连通。

2. 结合场地空间特征的再利用，重构百年古船和百年船坞的时空对话

2022 年，上海市委、市政府在对空间体量与场地特征进行综合研判的基础上，决定选址瑞镕船厂 1、2 号船坞作为长江口二号古船博物馆（筹）的建设场地。一方面，考虑到长江口二号古船保存得非常完整、船载文物数量

瑞镕船厂旧址的历史设备构件“船用阀门” | © 曹民

③ 同济大学建筑设计研究院（集团）有限公司原作设计工作室章明，《城市空间艺术季主展场布置策略探讨》，2019 年。

瑞镕船厂整体鸟瞰｜ © 同济原作设计工作室

大，船体和文物本身足以支撑一座具有世界影响力的古船博物馆；另一方面，考虑到出水文物保护、发掘和考古，特别是海洋木质文物整体保护是一个世界性难题，其保护与发掘的过程也应该作为展览的一部分内容呈现出来，将具有重要的考古和科研价值。由此，在古船进入船坞后，需要通过增加围挡封闭、建立区域安防系统、搭建钢结构棚架保护舱等建造工艺和保湿、整体覆罩保护等技术手段。这样不仅可以确保古船船体及文物的安全，而且可以为后续的现场挖掘在空间和体量上提供条件和可能性。

具体来说，古船进入船坞落座后，文物保护团队进一步采集各类样品进行检测分析，并及时开展离散暴露船体构件的临时加固保护、船体保湿处理。在古船博物馆的建设过程中，1 号船坞区域建设覆盖整个古船沉箱的临时考古大棚，开展保护舱环境状况的实时监测和调控，确保舱内各项环境参数的稳定，以及船体与文物的安全。古船博物馆集考古发掘、文物保护、展示教育、考古与非遗活态体验、国际水下文化遗产科学研究等诸多功能为一体，将成为一个功能复合的活态博物馆。未来，博物馆考古保护的整个过程都将向公众展示，依托丰富多样的出水文物，打造精品展览，讲好古船和海上丝绸之路的前世今生，讲好古船整体打捞保护的时代价值、世界意义，讲好上海发展历史和海洋文化故事，释放“生活秀带”魅力。

4.7.4 保护利用成效

在瑞镕船厂旧址被选定为古船博物馆场地之前，杨浦滨江南段就已作为 SUSAS 2019 城市空间艺术季的主办场地——绵延 5.5 公里的滨江公共空间中，1、2 号船坞连同旁边的毛麻仓库都被选为艺术季的主展场，以公共空间中植入艺术品的方式，搭建“滨水空间为人类带来美好生活”的对话平台。建筑和公共空间也作为展品，以艺术的形式向所有市民开放。艺术季期间，1 号船坞为市民提供综合性艺术品的沉浸式体验空间，2

上海城市空间艺术季主展场夜景 | © 田方方

长江口二号古船进入杨浦滨江上海船厂 1 号船坞内（2022 年）| © 中共上海市杨浦区委宣传部

号船坞举办了环同济设计周等学术会议，也举办了时装秀等时尚艺术活动。该活动为瑞镕船厂 1、2 号船坞空间的保护性再利用拓宽了思路，将闲置多年的工业建筑重新引入公众视野，并产生了良好的社会反响。

2021 年 11 月 17 日，时尚大牌 2022 春夏女装秀在瑞镕船厂旧址举行。秀场在装饰风格上延续了巴黎发布时的复古风格，通过悬挂大量枝形吊灯营造灯光效果，烘托绚丽的时装舞会场景，并通过走秀路线与场地空间呼应，呈现出强烈的视觉冲击力和新旧对比的现场氛围。该活动为瑞镕船厂 1、2 号船坞的空间再利用提供了另一种可能性，为时尚秀场提供了独特的工业场景，令人印象深刻。

2021 年 10 月，国务院办公厅印发的《“十四五”文物保护和科技创新规划》中，将长江口二号古船列入中国水下考古重大项目，并于 2022 年 11 月对长江口二号古船进行整体打捞。其打捞和迁移过程是水下考古的重要探索，需要综合运用波束声呐、侧扫声呐、BV5000 全景三维声呐和超短基线精确水下定位系统等技术手段与方法，有效克服了古船遗址区域水况复杂多变、水下能见度低的困难，为国际水下文化遗产保护提供了中国案例和中国模式。古船打捞运送至船坞的过程得到不同学科领域和社会媒体的广泛关注，如“澎湃新闻”“光明网”“封面新闻”“人民日报客户端”，以及《新民晚报》《文汇报》等深度追踪报道，引发大量转载和留言，产生了广泛的社会影响。可以预见，古船博物馆在修缮及更新改造建成后，将别开生面地用水下文化遗产讲好上海故事、中国故事，全面展现中国水下考古的魅力和科技创新实力。

2019 年 SUSAS 空间艺术季航拍｜ © 上海城市空间艺术季

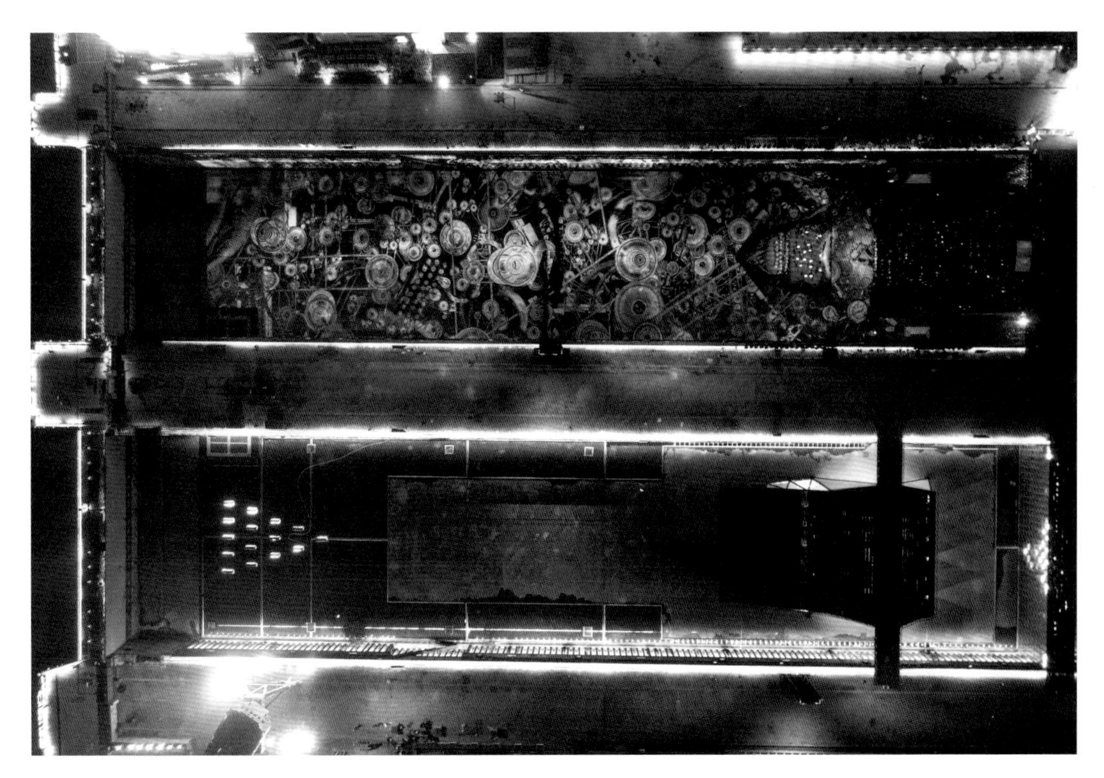

2019 年 SUSAS 空间艺术季航拍｜ © 田方方

参考文献

[1] 上海市杨浦区史志编纂办公室，上海市杨浦区档案局 . 百年工业看杨浦 [M]. 上海：上海高教电子音像出版社，2009:2-7.

[2] 上海市杨浦区文化局，上海市杨浦区档案局 . 踏径寻踪：杨树浦历史变迁 [M]. 上海：上海书店出版社 ,2015:65-66.

[3] 王钱国忠 . 八埭头：上海一个街市的昨天 [M]. 香港：中华人文出版社 . 2019: 42-49.

[4] 上海市文物管理委员会 [编]. 上海工业遗产实录 [M]. 上海：上海交通大学出版社，2009: 2.

[5] 莫羚卉子，秦曙 . 续史乘新的钢木速造——上海船厂旧址 1、2 号船坞临时性改造 [J]. 建筑技艺 . 2020, 26(11): 92-99.

长阳创谷主入口 | © 上海杨浦科技创新（集团）有限公司

4.8 长阳创谷

中国纺织机械厂

项目概况

项目地址	上海市杨浦区长阳路 1687 号	建设单位	上海长阳创谷企业发展有限公司
保护级别	/	设计单位	同济大学建筑设计研究院（集团）有限公司
项目时间	2015 年至今		原作设计工作室（方案）
原功能	纺织机械及有关器材的生产		华东建筑设计研究院有限公司（施工图）
现功能	创新创业园区	施工单位	上海建工四建集团有限公司
建筑面积	约 50 万平方米		

B 楼马赛克墙面修缮前后照片对比 | © 上海杨浦科技创新（集团）有限公司

修缮前（2015 年）

修缮后（2017 年）

项目简介

长阳创谷西邻内环高架，南邻长阳路，东侧背靠居民区。其前身为中国纺织机械股份有限公司，于 2000 年关停后一度处于闲置状态。2015 年，杨浦区启动修缮更新计划，老工业厂房重新焕发生机，百年老厂变身为上海中心城区多元创新要素集聚的开放式（CAMPUS）园区。

长阳创谷以“三生共融、无界共享”更新理念为引领，以适应性再利用为修缮手段，通过空间营造、功能引入和运营创新，成功吸引了大批双创企业的入驻，实现了新旧动能转换，成为全国双创高地。2018 年时任国务院总理李克强考察长阳创谷，提出打造双创“升级版”，把长阳创谷建成世界级创谷的目标。经过多年发展，长阳创谷已先后建成体育中心、企业中心、创业中心三个中心。2023 年落地的活力中心和艺术中心，将进一步完善园区的生态体系和服务平台。

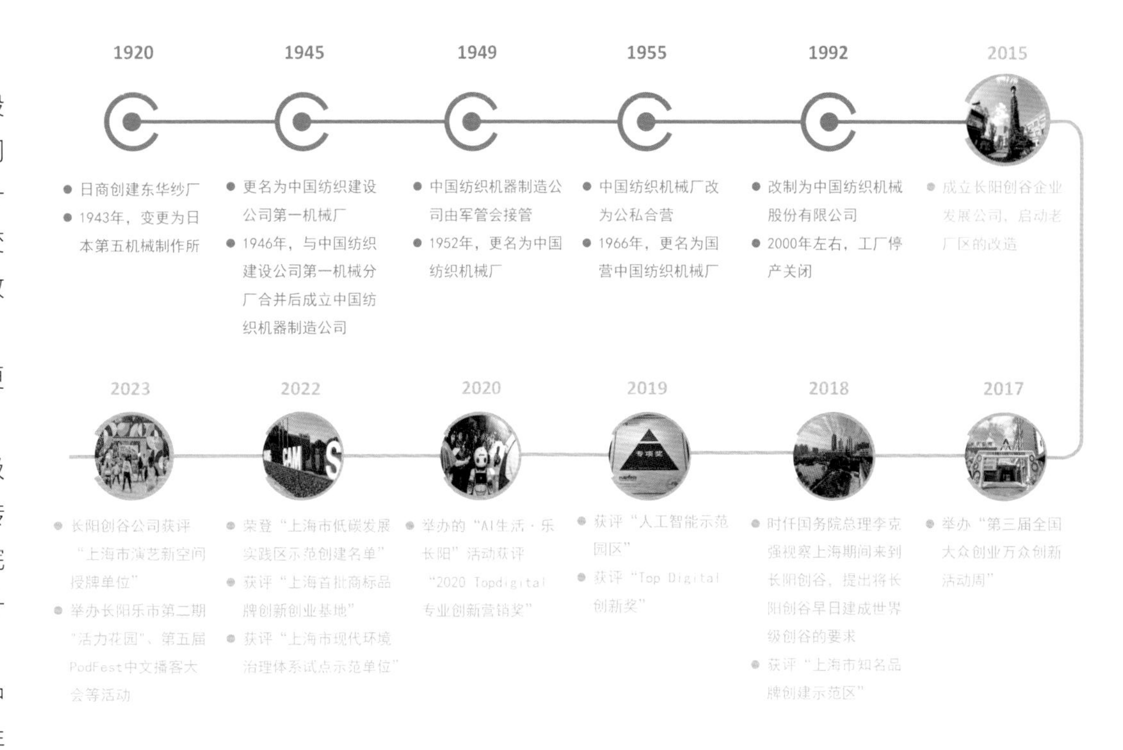

长阳创谷发展脉络示意图

修缮前的三种主要建筑类型 | © 上海杨浦科技创新(集团)有限公司

大跨厂房

多层办公楼

独栋小洋房

4.8.1 历史变迁

长阳创谷最早可追溯至 1920 年 10 月日商营建的东华纱厂，后于 1943 年变更为“日本第五机械制作所”，从事汽车零部件的修配业务。1945 年，该厂由国民政府成立的中国纺织建设公司接收，改名为“中国纺织建设公司第一机械厂”。翌年与中国纺织建设公司第一机械分厂（原 1939 年创办的日本三井系统丰田自动车株式会社总社）合并，成立中国纺织机器制造公司，开始生产中国第一代丰田式织布机。1952 年，中国纺织机器制造公司更名为“中国纺织机械厂”，1955 年改为“公私合营中国纺织机械厂”，1966 年更名为“国营中国纺织机械厂”（简称“中纺机”）。1992 年 5 月，中纺机改制为中国纺织机械股份有限公司，向境内外公开发行 A、B 股票[1]。随着上海产业结构转型，许多纺织企业关停并转，纺机市场日渐低迷，该厂也随之关停并一度处于闲置状态。2015 年，随着国家“大众创业、万众创新”相关政策措施的发布，杨浦区启动了长阳创谷更新计划。在杨浦区委、区政府的支持下，上海电气集团与上海杨浦科技创新(集团)有限公司联合成立长阳创谷企业发展公司，共同推进老厂房的开发和运营，为老厂房注入了新的动能，创造了新的生机。该项目共分四期建设，目前已经完成一、二、三期，第四期仍在推进中。

4.8.2 空间特征

长阳创谷的空间特征主要体现在区位选址、厂区布局和建筑类型三个方面。上海自开埠以来，由于生产过程中需要大量用水，以及产品运输依赖航运，绝大部分的纺织厂都集中分布于黄浦江、苏州河沿线，而东华纱厂选址杨浦腹地，是当时为数不多的区位选址，在大型纺织企业中相当特殊。

厂区布局方面，由于占地面积大、职工人数多（1992 年末厂区占地面积达到 45 万平方米，有职工 6128 人[1]），中纺机厂区除生产功能外还为职工提供了大量的社会服务和文化生活功能。进入长阳路的工厂大门，不同功能的建筑围绕中央大草坪展开布局：东侧主要为厂部办公大楼、托儿所、食堂、仓库等；西侧为木工、机 3、机 2、机 1、铸工等生产车间[2]。工作之余，工人们组建的中纺机厂足球队经常在大草坪上训练，是厂区重要的公共空间。这种生产生活一体化的布局方式在后来的修缮设计中被完整的延续下来。

在建筑类型方面，由于百年历史上多次扩建，截至 1992 年末，中纺机厂区内有大跨厂房、多层办公楼、独栋小洋房[3]等规模和形态各异的工业建筑，各类建筑的总面积达 25 万平方米。这为厂区的更新修缮提供了多种可能性。

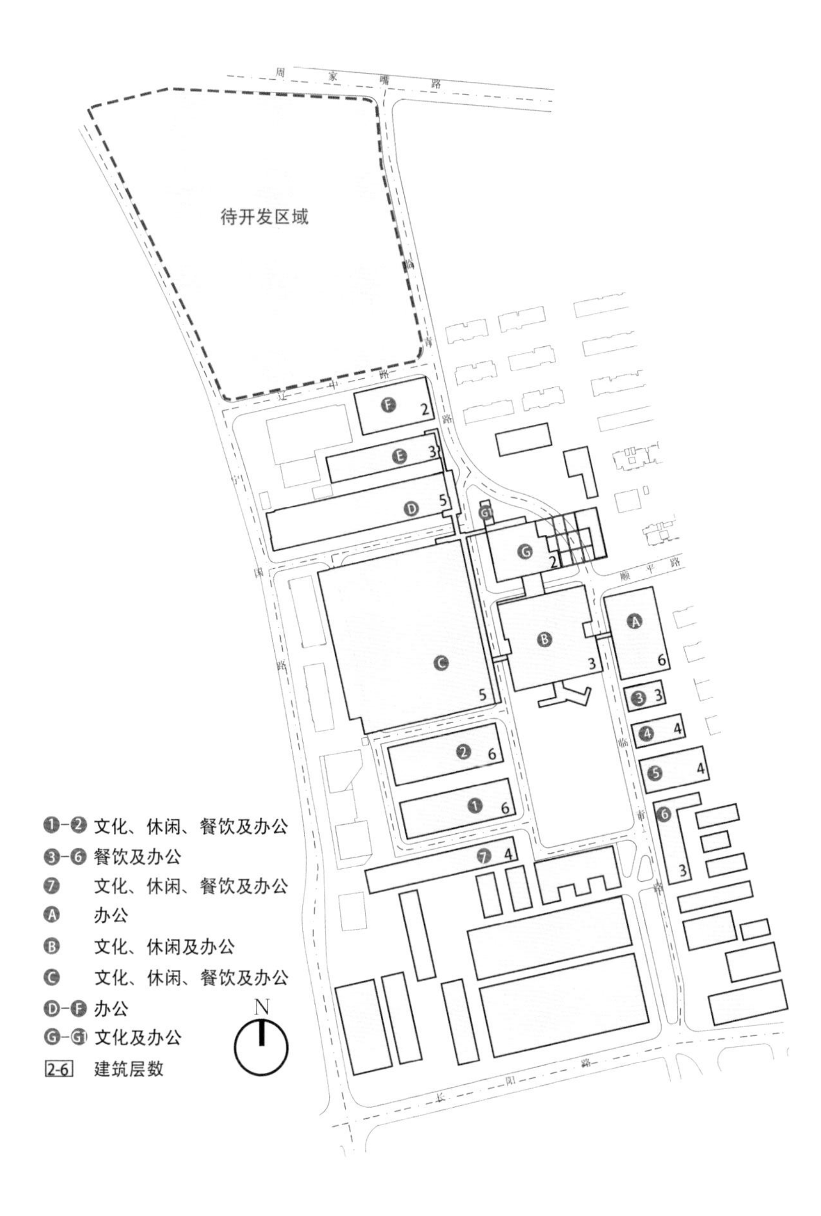

长阳创谷园区分布图

长阳创谷公共活动空间 | © 陈根娣

拱券长廊

观赏池塘

中央大草坪｜ © 同济原作设计工作室

4.8.3 保护利用策略

1. 功能更新：三生共融、无界共享

长阳创谷的更新修缮强调“生产、生活、生态”三生融合，为创业者创造“无边界、有生活”的创新空间。以开放式园区为概念，将办公、学习、餐饮、运动、社交等功能与自然环境相融合，打造如大学校园般健康、亲切、舒适的空间体验。

首先，保留绿色开敞空间，形成“绿荫 - 绿坪 - 绿坡”的游憩线路。园区南侧两条带形绿地整合成一条绵长的绿荫走廊，将人们从喧闹的城市生活引入内部。穿过绿荫走廊，便来到面积达 7000 平方米的中央草坪。这里曾是中纺机足球俱乐部的训练场地，如今不仅是整个园区的景观核心，也是开展交流活动的公共场所。园区东北角有一片果园，在中纺机时代这里曾种植许多杨梅树、桑葚树，果实成熟后员工们常采摘食用或酿酒。修缮后老果树统一移栽至此，并开放给园区和周边社区，受到创业工作者和社区居民的喜爱。

其次，融合生活生产，以“一核一街”激活创新秀场。长阳创谷建设伊始就坚持与城市保持密切互动，营造 24 小时不间断的活力氛围。B 楼（老厂房）位于园区的中心，原是厂区的装配车间，具有独特的三跨大空间结构。由于其厂房结构保存完整，设计方案将中间跨开辟出来作为园区内公共性最强的长阳会堂，并加入发布秀场、展厅和演播厅等各种功能，与紧邻的中央草坪共同激发创新交流氛围。B 楼和 C 楼之间的独角兽花园大街两侧布置多种商业设施，沿街设置外摆座椅和景观小品。布局既满足创业工作者、周边居民的日常生活需求，也营造出轻松舒适的交流场所。

修缮后的长阳创谷｜ © 长阳创谷

长阳果园修缮前后照片对比｜ © 上海杨浦科技创新（集团）有限公司

修缮前

修缮后

B 楼长阳会堂修缮前后对比照片 | © 上海杨浦科技创新（集团）有限公司

修缮前

修缮后

独角兽花园大街 | © 上海杨浦科技创新（集团）有限公司

B 楼马赛克拼贴立面修缮前后对比 | © 上海杨浦科技创新（集团）有限公司

修缮前

修缮后

B 楼长阳会堂 | © 同济大学超大城市精细化治理（国际）研究院

B 楼光塔 | © 郭靖

B 楼东立面中裸露的厂房结构 | © 同济原作设计工作室

2. 建筑设计：特色彰显、适应性再利用

长阳创谷完整保留了老厂房的主体建筑，通过立面整治和结构暴露的手法再现工业时代印记。同时，结合办公需求对建筑进行适应性修缮，提高办公空间的舒适性，进而吸引初创企业的入驻。

在彰显工业特色方面，B 楼的南立面设有一面标志性的马赛克墙，刻有中纺机公司名称，墙上绘制蓝天、白云、树木、大鹏等图案；立面整治设计在新增的窗洞位置以印刷玻璃的方式实现同质异形的新老对比。B 楼东立面是长阳会堂的主入口，设计方案去除了部分原有墙面，直接将厂房的三跨空间结构面向城市，凸显厂区的工业特色 。

在建筑的适应性再利用方面，由于老厂房进深大、层高高、开窗小，导致采光量不足，影响了后期作为办公场所使用。鉴于此，修缮设计师在 B 楼内部的主要交通流线上设置光庭、光塔。例如，作为发布会和交流活动核心场所的 B 楼中庭，去除厂房的部分顶板，形成带状采光空间（光庭）；而针对二、三层的办公空间，设计在二层平台之上嵌入光塔——以玻璃盒子的形式插入厂房内部，不仅为办公人群引入自然光线，同时兼具标识引路的作用[①]。

3. 运营管理：多方赋能、业态升级

长阳创谷注重提升园区的软实力，通过“链接”政府、高校、企业，打造园区内的产业集群。同时不断升级业态，打造品质生活目的地，提高对年轻人的吸引力。

2020 年杨浦区成立以长阳创谷为核心的大创谷功能区，汇集了长阳创谷、互联宝地等多座“双创”示范园，以及一批行业头部企业。同时，长阳创谷以高性价比吸引了海内外优秀学生和初创企业，并与高校积极互动，促进学界与业界交流，如 2020 年与上海交大文创学院共同主办 AI 文创沙龙，2021 年与同济大学 EMBA、中欧商学院合作共建“创新移动课堂”。长阳创谷践行开放式管理，鼓励上下游企业、大中小企业融通发展。此外，借助企业 AI 技术为园区双创服务赋能，例如快卜公司将充电车位和充电桩应用于园区内，作为产品研发的第一个应用实验场景。

在初期利用阶段，长阳创谷着力激活沿街商业园区；中期围绕独角兽花园大街布局书店、咖啡馆、酒吧、轻餐饮、健身房等年轻人喜欢的业态，进一步提升园区品质。这些业态不仅服务于园区办公人群，还吸引了大量周边社区的居民。未来的长阳创谷将继续引进小剧场、博物馆等项目，持续完善“企业中心、创业中心、体育中心、 艺术中心、活力中心”五大中心的建设，提升园区软实力。

① 同济大学建筑设计研究院（集团）有限公司原作设计工作室，肖镭、章明，《杨浦区长阳谷三期建筑方案设计》，2015 年。

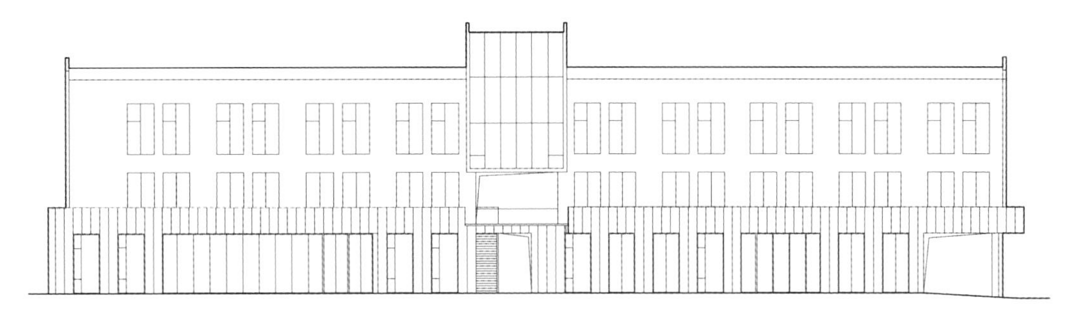

长阳创谷楼 B 楼南立面

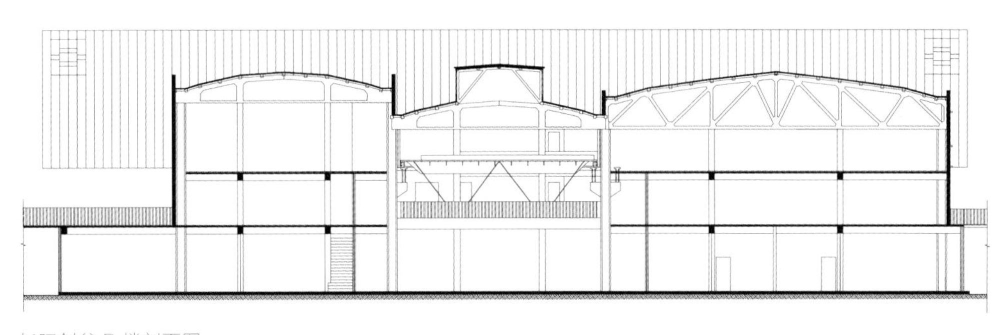

长阳创谷 B 楼剖面图

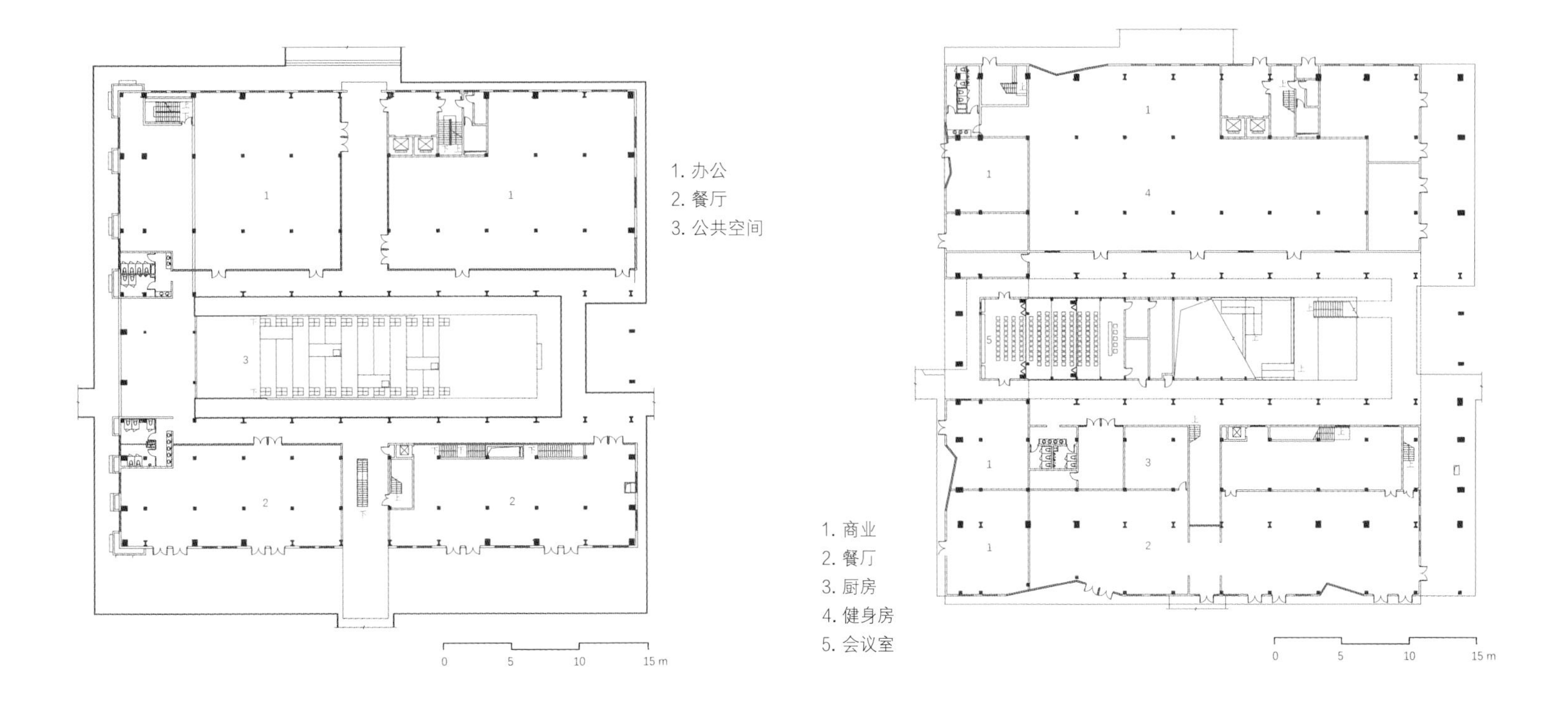

长阳创谷 B 楼二层平面

长阳创谷 B 楼一层平面

体育中心

活力中心

艺术中心

企业中心

创业中心

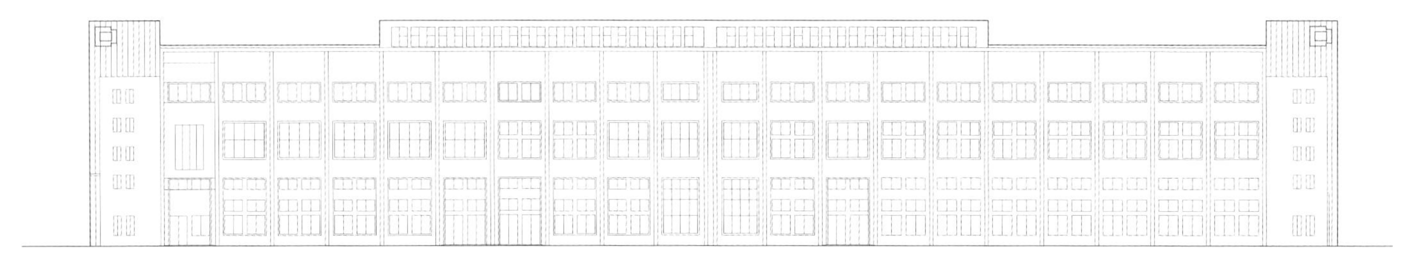

长阳创谷 D 楼南立面

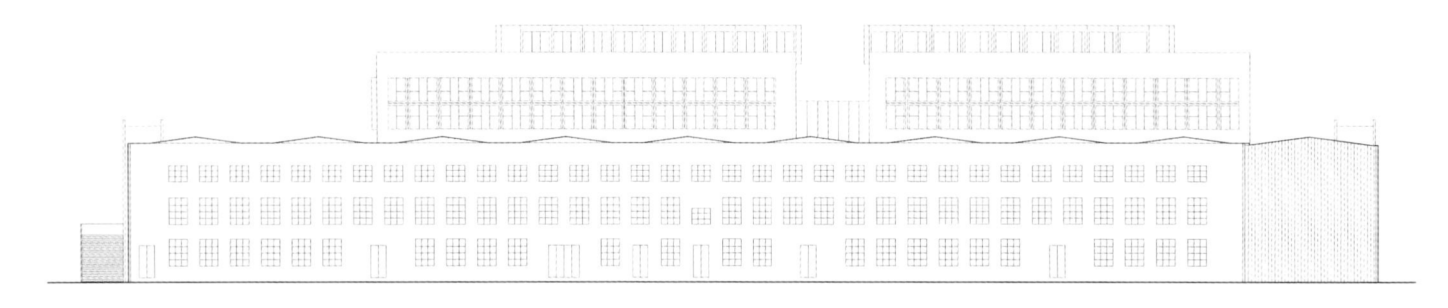

长阳创谷 C 楼东立面

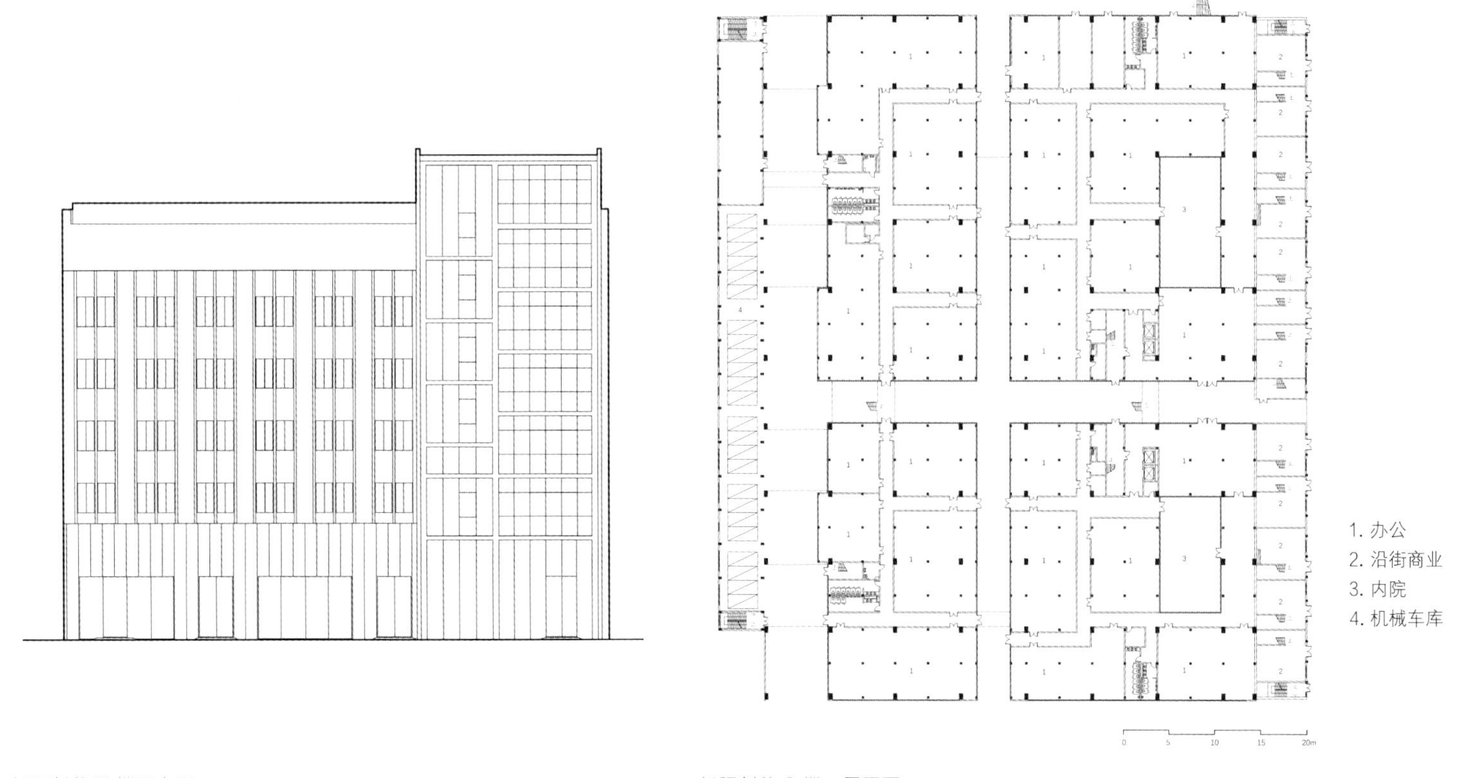

长阳创谷 D 楼西立面

长阳创谷 C 楼一层平面

中信书店 | © 郭靖

长阳创谷持续打造一流环境 | © 上海杨浦科技创新（集团）有限公司

4.8.4 保护利用成效

长阳创谷是上海城市更新的范例、全国双创的地标，为杨浦“三区联动、三城融合”提供了“创谷经验”。如今，长阳创谷总办公人数近 2.5 万人，集聚了一批来自普林斯顿大学、哥伦比亚大学、清华大学等全球知名高校的创业人才，入驻埃森哲、智能云科、小红书、得物、赢彻科技、同济数字研究院等近 200 家双创领军企业和极富双创特征的中小企业，已成为上海中心城区专为知识工作者打造的 Campus 创新创业街区。

2017 年全国“大众创业、万众创新”活动周在长阳创谷成功举办，超过 150 个创新企业和项目精彩展示，吸引 1000 多位投资人，形成新一轮创业热潮。2018 年，长阳创谷作为全国首批双创示范基地标志性园区案例，入选上海全市 40 个改革开放标志性首创案例。2019 年，长阳创谷被评为“上海市人工智能示范园区”，2022 年获评“上海首批商标品牌创新创业基地”，并成为上海市首批现代环境治理体系试点单位、上海市低碳发展实践区示范创建单位等。长阳创谷以长阳会堂的品牌活动为核心，通过举办国际化、专业化、市场化的双创活动，吸引世界各地的青年人，如年度“璀璨长阳创谷”企业家联谊会、设计师之夜、创客之夜，不断扩大在创新创业领域的社会影响力。

此外，长阳创谷也积极举办各类文化活动，持续打造“无边界，有生活，共创意”的长阳乐市系列活动，将夜间经济、文创、美食和艺术紧密结合，通过市集、活动、工作坊等体验，与热爱生活的品牌与创意者共同构建消费场景，成为市民游客的打卡地进一步提升文化影响力。长阳创谷 2023 年获评“上海市演艺新空间授牌单位”，同年举办了长阳乐市第二期“活力花园”、第五届 PodFest China 中文播客大会、敦煌动画周等活动。

从闲置的厂房华丽变身为全国双创高地，长阳创谷成为新旧动能转换的典范和国内知名的创业地标名片。未来，长阳创谷将继续通过打造一流的环境、产出一流的成果和集聚一流的人才，向世界级创谷的目标迈进。

长阳创谷举办的活动 | © 上海杨浦科技创新（集团）有限公司

2017 年双创周活动

2022 年璀璨创谷活动

长阳创谷法国香颂草坪音乐会

长阳创谷活力中心开幕仪式

参考文献

[1] 上海市杨浦区史志编纂办公室 , 上海市杨浦区档案局 . 百年工业看杨浦 [M]. 上海 : 上海高教电子音像出版社 ,2009.

[2] 杨浦区人民政府 . 杨浦区地名志 [M]. 上海 : 学林出版社 ,1989.

[3] 上海市文物管理委员会 . 上海工业遗产实录 [M]. 上海 : 上海交通大学出版社 ,2009.

[4] 上海通志编纂委员会编 . 上海通志 第 3 册 [M]. 上海：上海社会科学院出版社，上海人民出版社 , 2005.

智慧坊园区鸟瞰图｜© 智慧坊园区

4.9 智慧坊创意园

上海远东钢丝针布厂

项目概况

项目地址	上海市杨浦区平凉路 2241 号	建筑面积	约 3.5 万平方米
保护级别	/	建设单位	上海科远坊企业发展有限公司
项目时间	2019-2020 年	设计单位	上海光华建筑规划设计有限公司
原功能	厂房	施工单位	上海晶成建筑安装工程有限公司
现功能	办公、商业		

智慧坊创意园修缮前后对比 | © 智慧坊园区

修缮前

修缮后

项目简介

智慧坊创意园位于杨浦区平凉路 2241 号，西北侧临河间路，东北侧临贵阳路，东南侧临平凉路，西南侧与上海电力大学相接。上海远东钢丝针布厂是当时远东地区生产纺织梳理器材的专业化企业[①]。

园区的前身为上海远东钢丝针布厂，厂区内有四十多幢不同年代、风格各异的工业建筑。这些老厂房因长期使用，普遍存在建筑老化和构件破损问题。2019 年，上海科房投资有限公司和太平洋机电（集团）有限公司联合投资，从历史价值、建筑功能、场地空间和构造美学四个方面对这座百年大厂进行全面更新。更新后不仅老旧厂房焕发崭新活力，整个厂区也变身融合新科技与创意文化的“智慧坊创意园”。

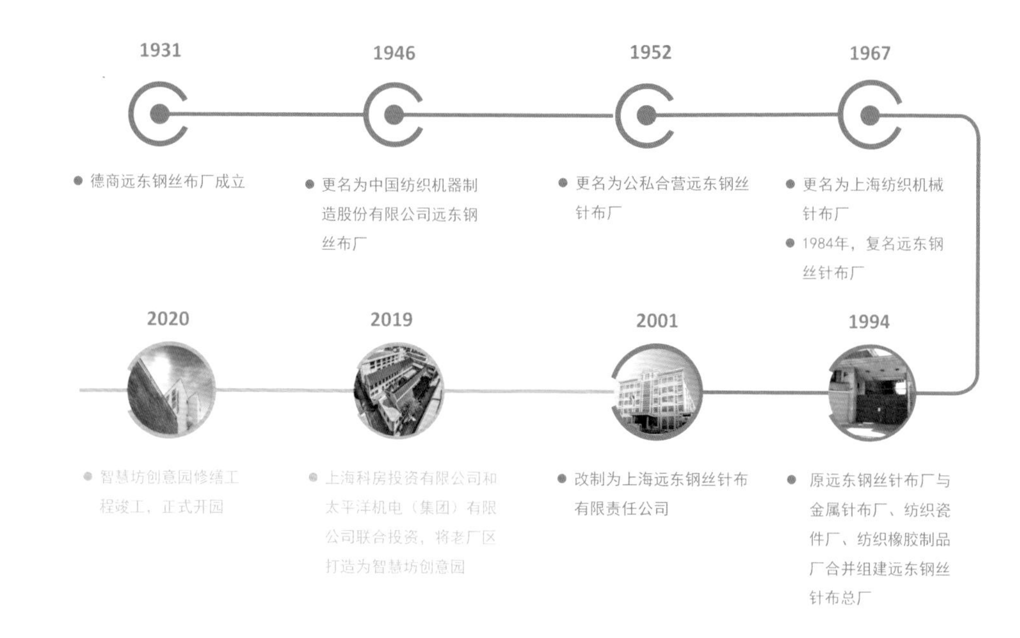

智慧坊创意园发展脉络示意图

① 上海光华建筑规划设计有限公司，厉泽峰，《智慧坊方案文本》，2019 年。

4.9.1 历史变迁

智慧坊创意园的前身是 1931 年成立的德商远东钢丝布厂，抗战胜利后，由中国纺织建设公司接收，1946 年更名为“中国纺织机器制造股份有限公司远东钢丝布厂”。1952 年工厂实行公司合营，更名为“公私合营远东钢丝针布厂”。1962 年上海第一制针厂并入，1967 年远东钢丝针布厂曾更名为“上海纺织机械针布厂”，1984 年又恢复原名。1994 年上海纺织国有资产经营管理公司成立，远东钢丝针布厂与金属针布厂、纺织瓷件厂、纺织橡胶制品厂合并组建“远东钢丝针布总厂”。2001 年 4 月改制为上海远东钢丝针布有限责任公司。2019 年由上海科房投资有限公司和太平洋机电（集团）有限公司联合投资，将老厂区打造为新科技与创意文化融合的新型园区——智慧坊创意园[1]，于 2020 年竣工。

智慧坊创意园分布图

4.9.2 空间特征

智慧坊创意园区位条件优越，毗邻上海电力大学，处于杨浦滨江腹地内环高架与中环线之间，南部紧邻东外滩滨江板块，交通网络四通八达，周边生活设施配套完善。

园区内老厂房的建成年代、建筑风格、结构类型和立面材质各具特色。其中，建于 20 世纪 60 年代前后的 6、7 号厂房原为橡胶、拉丝车间和仓库等，连续的坡屋顶和大跨空间都是工业建筑结构的典型特征；20 世纪 50-70 年代建造、靠近平凉路一侧的低层工业厂房 1-3 号，原为原料仓库、医务室和食堂，形成较为独立的建筑组团；20 世纪 60-80 年代建造的、沿河间路的小体量合院群落 18-38 号（“河间里”），多为小型车间，沿街界面高

智慧坊创意园厂区修缮前 | © 智慧坊园区

低错落、空间形态丰富，形成一大一小两个较为封闭的院落空间；建于20世纪90年代前后的4—8层高大厂房（15—17号等），建筑体块感强，立面材质横竖向肌理明确，具有典型工业建筑的特征①。

4.9.3 保护利用策略

1. 建筑保护：空间延续、和谐统一

园区的建筑修缮充分尊重老厂房的历史价值，从原有的结构逻辑出发制订设计策略：对于历史和艺术价值突出的建筑，采用保留外立面及周围历史环境的方法，对建筑表皮进行清洁和修复，并对破损的门窗和雨棚进行必要的修缮和更换；对于风貌特征一般的建筑，采用延续原有的体量关系、空间结构特点和建筑技艺的方法，通过挖掘潜力空间适应未来多样化使用的需求。

在充分体现原工业建筑结构美感和空间魅力的基础上，修缮最大限度地追求厂区风貌的和谐统一。具体做法是：先将形态各异、功能多样、空间结构条件良好的旧厂房进行编号、评估、分类和分区；再根据不同类型的建筑，制订"新旧结合、新旧对比"等差异性设计策略，创造建筑空间局部变化的同时，延续厂区的整体历史风貌②。

2. 功能更新：创意产业、文化生活

为响应杨浦区近年来"提升科技创新能级""城市数字化转型"的新战略，智慧坊园区确定了聚焦在线新经济、培育创意生活的产业方向和功能定位。为促进科创产业链的形成，园区引入人工智能及大数据企业、创客工作室、艺术设计工作室等，通过营造时尚休闲的生活氛围吸引创意人才。追求全新生活方式的青年艺术家，可在此创办自己

智慧坊创意园部分建筑修缮前后对比 | © 智慧坊园区

12号楼修缮前

12号楼修缮后

17号楼修缮前

17号楼修缮后

① 上海光华建筑规划设计有限公司，厉泽峰，《智慧坊项目设计方案文本》，2019年。
② 上海光华建筑规划设计有限公司，厉泽峰，《智慧坊方案文本》，2019年。

的设计类工作室和创意工坊等；周边高校的教育工作者，可在此寻求开放自由的工作环境；追求艺术的青少年，可在此体验高品质的文化教育生活。此外，智慧坊也为处于起步期的小型企业提供初创空间。

基于老厂房的分类分区和现状评估，以及不同组团的空间特征和更新需求，智慧坊赋予每个片区差异化的功能主题。其中，对于6-7号楼等大跨工业厂房，适应性地植入办公、商业、展览等灵活的功能；对15-17号的三栋高大独立厂房，保留原有的建筑肌理和设计语汇，为适应其多层空间的特点，将核心功能定位于个性化写字楼；对18-38号邻河间路的建筑群完整保留其高低错落的街区界面及内院空间特色，一层打造为商铺，二、三层植入办公功能；园区入口处的首层建筑空间入驻品牌餐饮；在锅炉房引入原创品牌精品咖啡馆；沿河间路老建筑更新为配套商业、个性化办公空间；食堂设计为二层通高的多功能展厅（艺术和装置等）和多功能会议中心。这些新功能满足了园区内白领和周边市民的生活休闲需求，昔日旧厂房也变为一个集智慧办公、文化创意、时尚休闲为一体的“城市智慧中心”。

大跨工业厂房修缮前后对比 | © 智慧坊园区

15号楼修缮前

15号楼修缮后

6、7号楼修缮前

6、7号楼修缮后

“河间里”修缮前后对比 | © 智慧坊园区

修缮前

修缮后

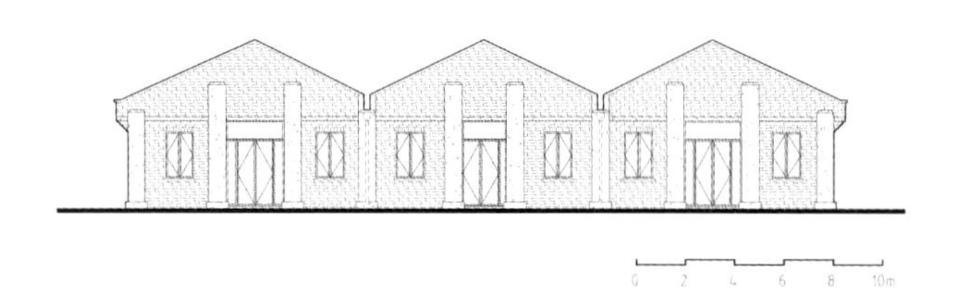

智慧坊创意园 7 号楼西立面图

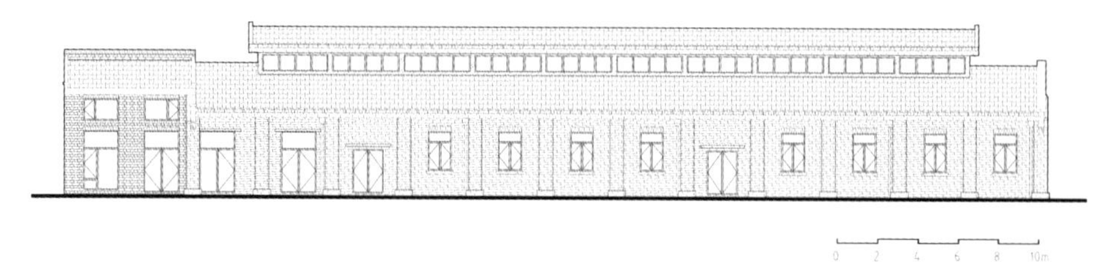

智慧坊创意园 7 号楼北立面图

智慧坊创意园 35、22 号楼西立面

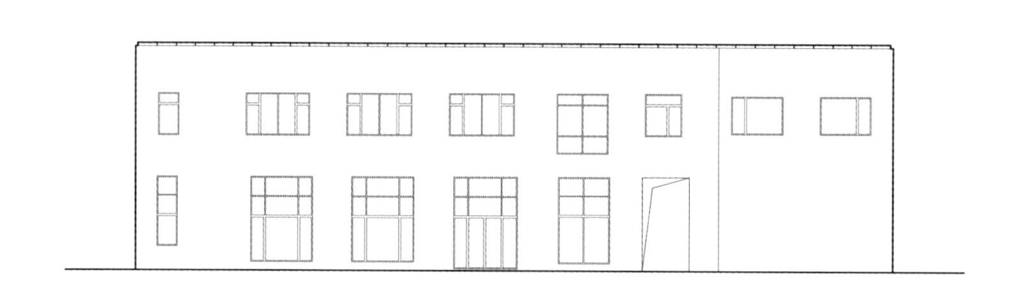

智慧坊创意园 35、22 号楼东立面

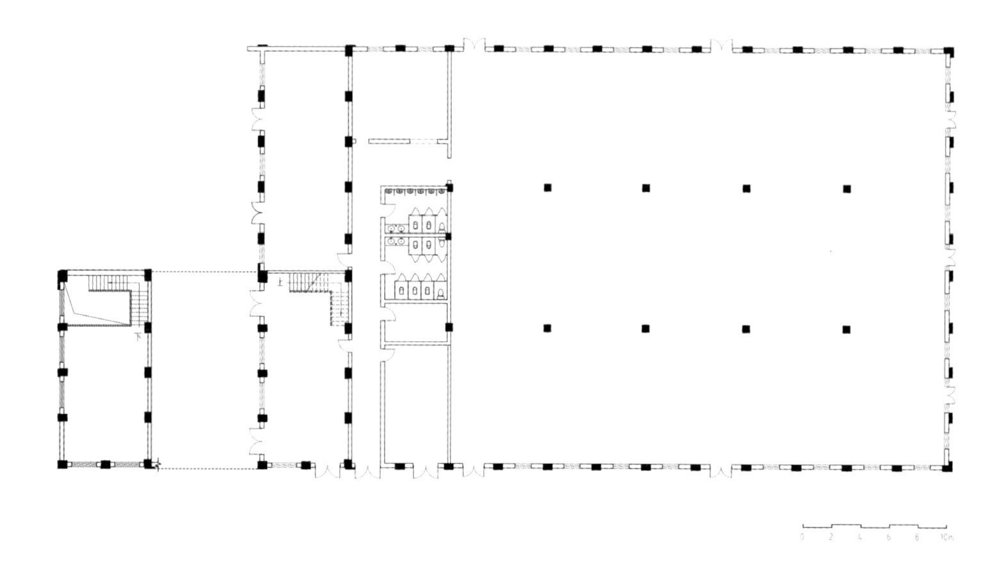

智慧坊创意园 7 号楼一层平面图（附二层夹层）

智慧坊创意园 16 号楼西立面

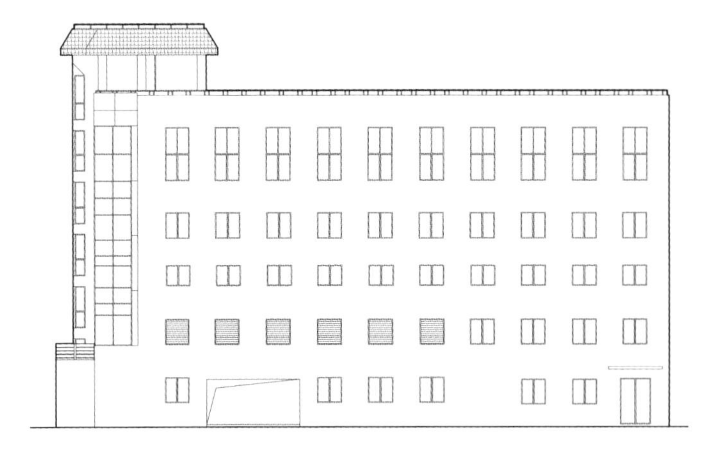

智慧坊创意园 16 号楼东立面

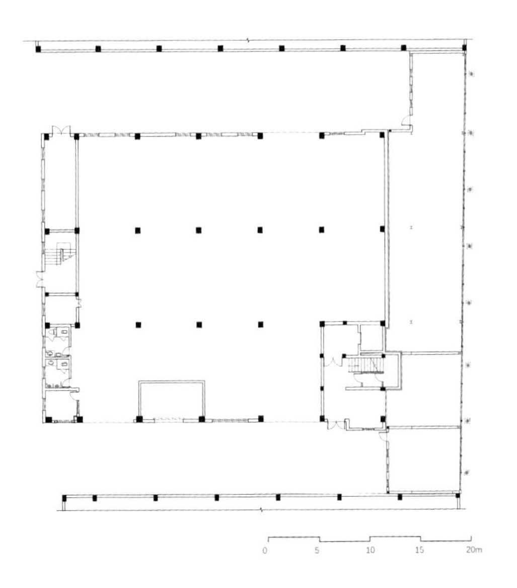

智慧坊创意园 16 号楼一层平面

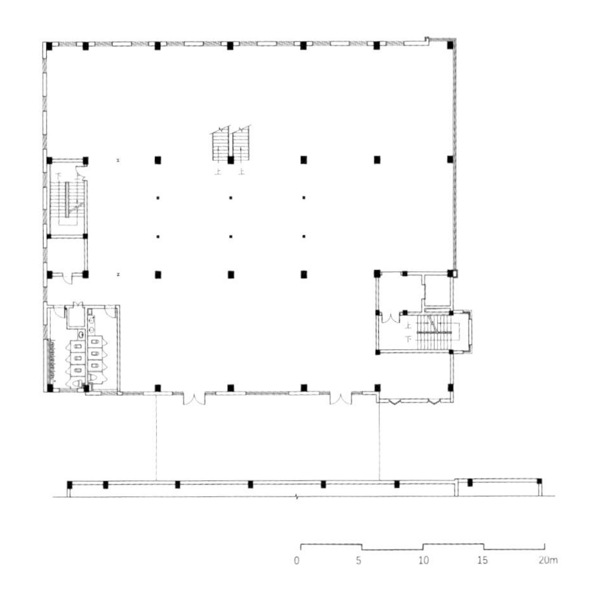

智慧坊创意园 16 号楼二层平面

里弄式街区“河间里” | © 智慧坊园区

3. 场所营造：空间再生、公共开放

基于开放性的设计理念，智慧坊创意园也为周边居民提供高品质的社区公共空间。

首先，开放毗邻河间路的建筑群落，将原有相对封闭的厂区空间转化为全新的开放式海派里弄式街区“河间里”。海纳百川，兼容并蓄。作为重点打造的商业项目，该板块融合传统文化与海派精神，以现代化的设计手法营造历史街区的时尚艺术氛围。[1]

其次，公共空间设计强调体验的多样性。整个园区通过底层连续通透的裙楼界面，营造出内部的街区感，提升步行体验；打开15-17号楼的办公组团，河间路设出入口，以一条内部主干道串联河间路和平凉路，入口处形成开放式广场，与周边环境无缝连接，化消极空间为积极空间；1-3号邻平凉路的建筑群则将原有楼梯空间转变为全新的空中连廊，连接各个楼面和屋顶，形成趣味的庭院休闲交流空间；35号楼屋面与22号楼露台形成的走廊空间，则打造为人行漫步的空中花园。

4. 智慧运营：个性服务、线上平台

为给入驻企业提供良好的办公环境，园区除了多媒体会议中心和智能充电设备等常规配套设施以外，还配有个性化、多层级的服务管理体系。运营团队与科房投资公司旗下多种服务平台对接，建立“基础服务、配套服务、增值服务”三个层级的服务平台。基础服务包括招商及物业；配套服务涵盖商业配套、工商注册和园区服务中心；增值服务覆盖范围更广，有政策咨询、法律服务、IT 运维服务、金融服务、市场营销服务、人才服务等。

目前园区运用线上小程序进行全流程智能化管理，涵盖从入驻伊始到后续管理的企业服务、物业报修、公寓服务、场地预约等。对已入驻的企业，可通过线上平台进行招商和物业的智能化管理；对未入驻的潜在客户，可以便捷地查看园区内不同面积、楼层的空置房源。智慧坊创意园区以创新创意为核心，以文化为元素，以科技为支撑，以市场为导向，以产业为载体，综合、高效的运营管理体系助力园区成为区域经济发展重要的增长点。

空中连廊 | © 智慧坊园区

园区内的公共空间 | © 智慧坊园区

智慧坊创意园举办的科创活动现场｜© 智慧坊园区

2021 年碳中和会议

2022 年元宇宙会议

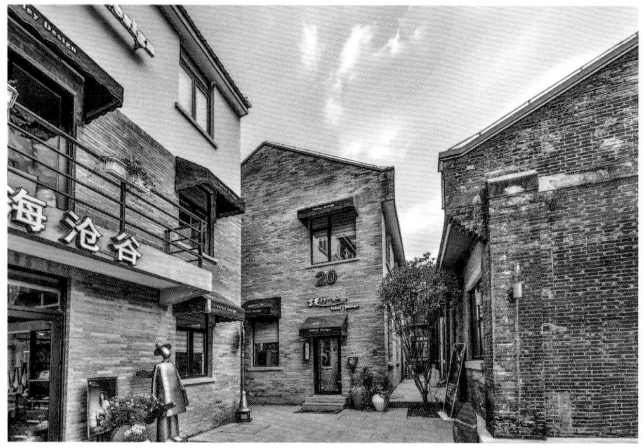

园区内已入驻的商户｜© 智慧坊园区

4.9.4 保护利用成效

智慧坊创意园区自开业以来，成功引入尊邦建筑设计、采锦建筑设计、一溥建筑设计等设计企业，清博智能科技、微程电气设备、华严环境科技等高科技企业。“河间里”商业街区也吸引到众多知名品牌以及各类餐饮、便利店、咖啡、休闲娱乐等商户的入驻。目前，智慧坊的工作生活氛围日渐浓郁，成为集园区、校区、社区、商区于一体的24小时活力区，也形成以商业、文创和科文融合产业为主，数字经济、科技、信息技术和人工智能逐步增长的行业结构态势。

作为杨浦工业遗产保护再利用成功转型的代表案例，智慧坊承办了一系列社会文化活动，扩大影响力：多媒体会展中心举行2021年度设计谷品牌春夏新品服装发布会；OUR Lab开展以“存量历史空间更新的多维度探索与机遇”为主题的上海国际建筑文化周沙龙[2]；杨浦区“大家微讲堂”第九讲“我们的城市，我们的家园”也在老厂房内开讲[3]。通过企业互助共赢的产业生态环境和多元包容的社会文化氛围，智慧坊完成了从老旧厂房向城市活力中心的转变，空间活化的同时也带动周边区域艺术产业的发展和社区活力的培育。

参考文献

[1] 智慧坊创意园 [EB/OL]. [2023-03-21]. http://www.wis-p.cn/h-col-101.html.

[2] 董怿翎 . 建筑遗产在社区丨探索保护与利用兼顾的历史建筑更新模式 [EB/OL]. (2021-08-05)[2023-03-23]. https://m.thepaper.cn/newsDetail_forward_13901853.

[3] 上海杨浦：专家学者共议如何保存城市的风度与温度 [EB/OL]. 人民网 , (2021-12-29)[2023-03-23]. http://zj.people.com.cn/n2/2021/1229/c186327-35073085.html.

笔墨宫坊外景 | © 同济大学超大城市精细化治理（国际）研究院

4.10 笔墨宫坊

上海茶叶进出口公司第一茶厂厂房

项目概况

项目地址	上海市杨浦区军工路 1300 号 16 幢	建筑面积	7000 平方米
保护级别	/	建设单位	上海周虎臣曹素功笔墨有限公司
项目时间	2021—2022 年	设计单位	上海室内装饰集团有限公司
原功能	茶叶拼配、包装、理货等	施工单位	上海君阳建设发展有限公司
现功能	国家级非物质文化遗产展示、博物馆教育、景区旅游		

笔墨宫坊修缮前后室内空间对比

修缮前｜© 上海周虎臣曹素功笔墨有限公司

修缮后｜© 同济大学超大城市精细化治理（国际）研究院

项目简介

笔墨宫坊位于军工路 1300 号杨浦合生茶岸文化创意园 16 幢。园区北至翔殷路隧道，西邻军工路中环路，南临虬江，占地 55 亩（3.67 公顷），建筑面积逾 5 万平方米。

笔墨宫坊是在原上海茶叶进出口公司第一茶厂厂房的基础上修缮改建而成。作为国家级非物质文化遗产生产性保护示范基地，笔墨宫坊全方位展示曹素功徽墨制作与周虎臣毛笔制作两项传统工艺及制作流程，将非遗手工制作与文博旅游、非遗研学、文创科研充分结合，成为上海非遗保护与传承的新基地、城市工业旅游的新亮点。笔墨宫坊的建成与开放，不仅传承并推广了优秀的非遗笔墨文化，而且带动了茶岸文化创意园整体的转型发展，成为杨浦滨江工业遗产中非遗文化保护传承的独特案例。

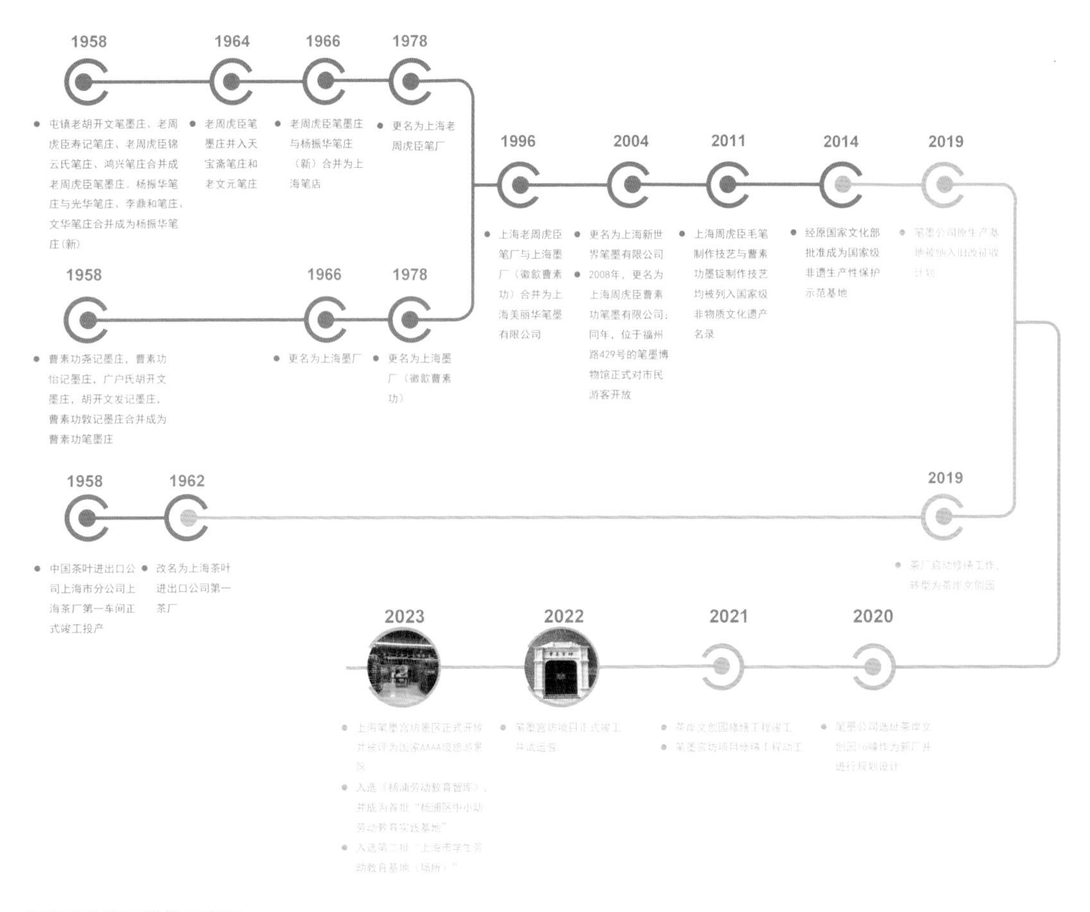

笔墨宫坊发展脉络示意图

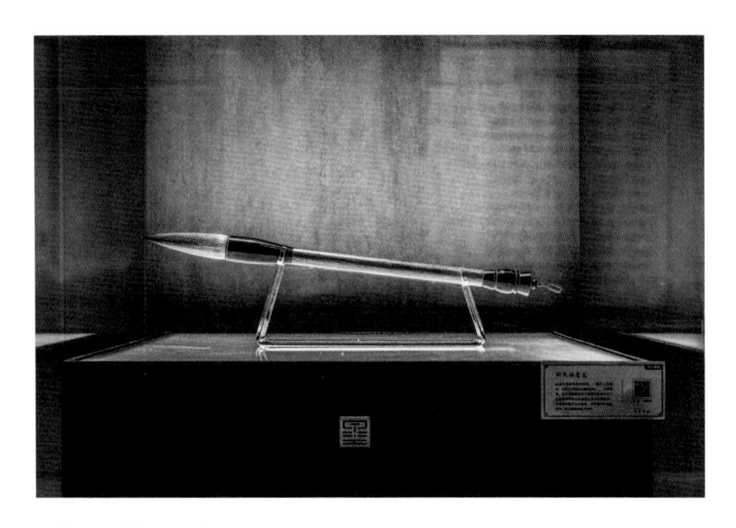

周虎臣毛笔｜ © 顾杨

曹素功墨锭｜ © 顾杨

茶叶一厂烟囱｜ © 同济大学超大城市精细化治理（国际）研究院

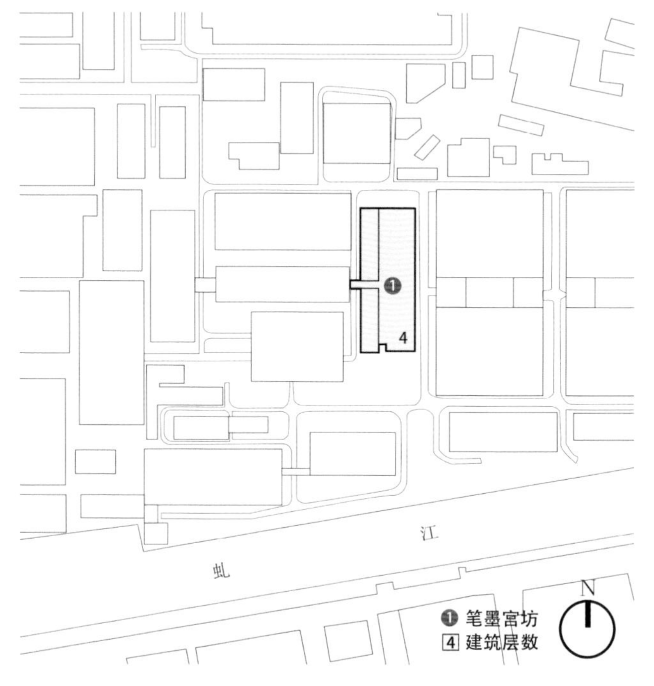

笔墨宫坊分布图

4.10.1 历史变迁

曹素功制墨，创办于 1667 年（清康熙六年），延续至今，传绵十五代，享誉国内外。周虎臣制笔，创办于 1694 年（清康熙三十三年），至今三百多年，传承十多代，被列为清代中国“四大名笔”之一。两者都是笔墨行业历史悠久的中华老字号。21 世纪初，周虎臣笔厂与曹素功墨厂合并，组建上海周虎臣曹素功笔墨有限公司（简称“笔墨公司”）。2011 年，上海周虎臣毛笔制作技艺与曹素功墨锭制作技艺列入国家级非物质文化遗产名录。2014 年经原国家文化部批准，笔墨公司成为上海第一家国家级非物质文化遗产生产性保护示范基地，是我国文房四宝行业的领军企业。

杨浦合生茶岸文化创意园（简称“茶岸文创园”）前身为中国茶叶进出口公司上海市分公司上海茶厂第一车间，1958 年迁入杨浦区军工路 1300 号并扩建，1962 年改名“上海茶叶进出口公司第一茶厂”。21 世纪初茶厂停产，2019 年上海稳锦实业股份有限公司对厂区进行整体修缮，转型为茶岸文创园。

2019 年，笔墨公司位于静安区南山路的生产基地被纳入旧改征收计划。为将周虎臣、曹素功两个文化品牌留在上海本土保护、发展，经过多方努力，2020 年笔墨公司正式选址茶岸文创园 16 幢作为新厂，意在展示杨浦滨江工业文明的基础上，打造一个集文旅、教学、生产于一体的非遗文化保护示范基地。经过两年的规划、设计与施工，2022 年 12 月笔墨宫坊进入试运营，2023 年 3 月 18 日向广大市民及国内外游客正式开放，并被评为国家 4A 级旅游景区。

4.10.2 空间特征

笔墨宫坊所在的原上海茶叶进出口公司第一茶厂，由 9 栋大型建筑和若干栋小型建筑组成，建筑层数以 2 ~ 3 层为主。修缮前厂区有大量空置厂房，建筑老旧且缺乏特色。随着部分厂房出租，因入驻企业各自改建，致使整体风貌较为失色。2019 ~ 2021 年间，上海稳锦实业股份有限公司投资对厂区进行整体修缮，在保留原空间格局、绿化植被和标志建筑物（篆有“上海茶叶一厂”字样装饰的烟囱）的同时，对内部的交通组织、厂房建筑、景观小品统一进行提升完善，红砖墙面和灰色坡屋顶让整个厂区获得整体、协调的风貌。

笔墨宫坊的建筑原为 2 层厂房（局部 3 层），且有带状露台。厂房南北长达 80 米、东西宽约 30 米。首层采用钢筋混凝土框架结构，柱网间距较大且室内空间高敞，为后续的修缮利用提供了良好的灵活性。顶层使用木构桁架双坡屋顶构造，结构保存完好，具有采光良好和布局开敞的空间氛围。上下两层空间结构的差异性形成厂房的建筑特色。

原厂房首层空间 | © 上海周虎臣曹素功笔墨有限公司

原厂房顶层空间及屋顶构造 | © 上海周虎臣曹素功笔墨有限公司

4.10.3 保护利用策略

1. 建筑改造：适应非遗生产、丰富空间体验

在保留厂房空间特征的基础上，笔墨宫坊对平面布局、高敞空间和交通流线进行改造，创造出更加适应非遗生产和参观流程的全新空间。

首先，将非遗生产功能与其他功能进行分区。一层主要设置生产功能（包括墨汁生产、仓库、办公等）及游客接待入口；二层及以上设置展陈、博物馆、文创、教育等功能；三层露台安排户外休憩区。

其次，通过局部层高的变化丰富参观者的空间体验。修缮后的笔墨宫坊形成错落有致的空间层次：原厂房两端设置通高的前厅和中庭，并用流畅的弧线增加趣味性，整个空间开敞大气；三层保留厂房原有的木构桁架结构，丰富室内空间，并一定程度上延续了原厂房的历史风貌。

第三是合理组织游览动线，生产与参观两种功能相得益彰。笔墨宫坊的流线组织很好地适应了非遗生产与参观功能的需求：蜿蜒曲折的参观动线既为非遗生产留出足够的空间，又可以最大限度地向游客展示非遗工艺的全过程。楼梯两侧的墙面上精心布置许多笔墨公司历史上重大事件的照片，游客拾级而上的同时可感受到其历史变迁。

修缮前 | © 上海周虎臣曹素功笔墨有限公司

修缮后 | © 同济大学超大城市精细化治理（国际）研究院

屋顶保留桁架｜ © 同济大学超大城市精细化治理（国际）研究院

露台休憩区｜ © 同济大学超大城市精细化治理（国际）研究院

前厅空间｜© 同济大学超大城市精细化治理(国际)研究

中庭空间｜ © 顾杨

二层墙面展陈与制墨展示｜ © 顾杨

三层展厅｜ © 顾杨

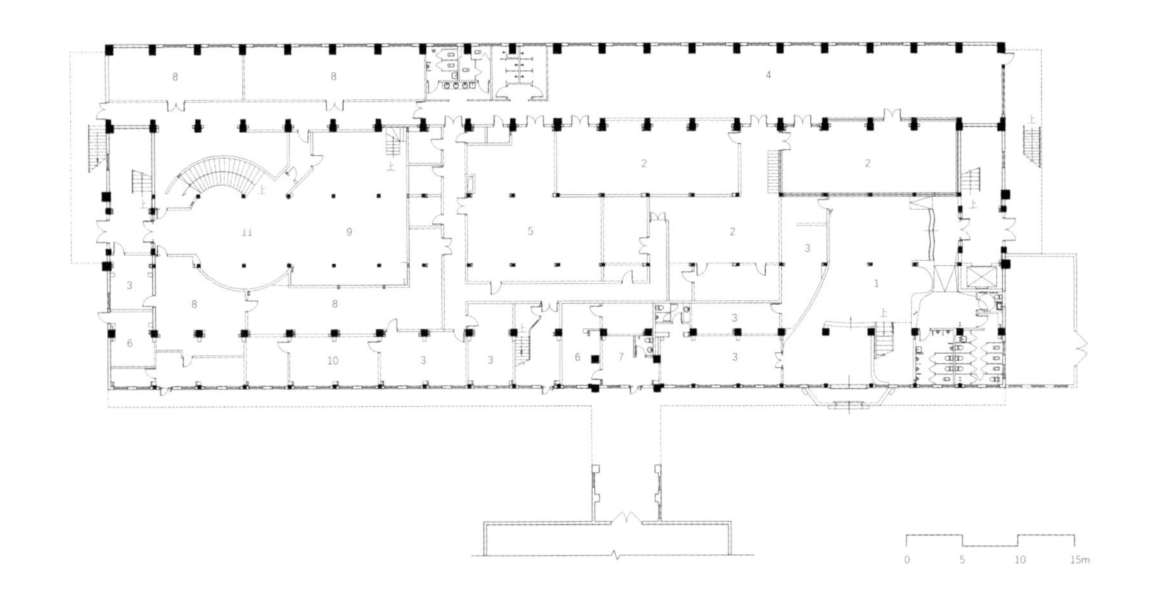

1. 门厅
2. 墨汁生产
3. 办公
4. 原料仓库
5. 半成品仓库
6. 设备
7. 保安室
8. 成品仓库
9. 墨模间
10. 化验间
11. 中庭

笔墨宫坊一层平面图

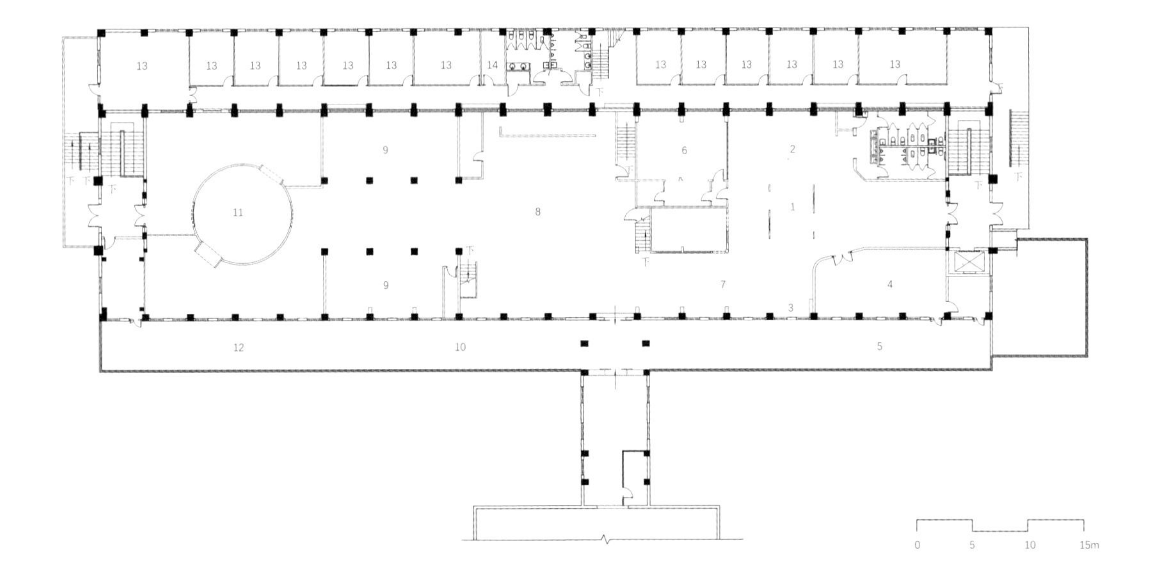

1. 热销产品区
2. 文创产品区
3. 休息区
4. 大师定制区
5. 室外茶歇
6. 摄影棚
7. 活动区
8. 博物馆展区
9. 教室
10. 文创户外
11. 沉浸式体验区
12. 汉服户外
13. 办公
14. 茶水间

笔墨宫坊三层平面图

2. 文化传承：延续非遗传承、复合多重功能

建成后的笔墨宫坊以曹素功制墨、周虎臣制笔两种国家级非物质文化遗产保护技艺的生产制作为核心，引入文化保护、教育研学、展览文创等多重复合功能，形成“保护”与“传承”兼备的独特载体。

确保文化记忆尽善尽美保存。打造中国最大的墨模宝库（藏品从明代万历年间至今，跨越四百余年），上万款墨模呈现隐藏其后的、中华传统文化的绵长记忆；深入研究及梳理墨模历史及发展，在分类造册的基础上，建立文字、图片、拓片等历史文化研究档案，将墨模作为记述历史的实体档案妥善保存。

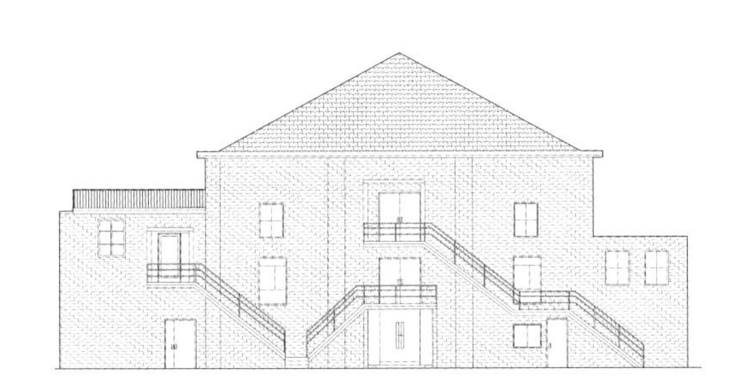

笔墨宫坊南立面图

加强制作工艺原汁原味保护。手工制作技艺是非遗保护的核心，坚持古法手工制作技艺是“周虎臣”“曹素功”老字号经久不衰的重要原因。笔墨宫坊为记录与保护非遗手工制作技艺采取了一系列方法，包括访谈老技艺传承人并实景演绎，以文字、音频、摄像、现场传授技艺等方式记录其技艺和相关资料；通过建立“制墨”大师工作室，采用以师带徒的传统方式培养制笔制墨手工技艺人才。

推动非遗技艺展陈展示传播。笔墨宫坊在展陈和传播方面别出心裁：通过透明窗口近距离观赏非遗技艺的现场生产流程，直接感受点烟、制墨、翻晾、描金、制笔等重要生产环节；设置笔墨博物馆，在其前身福州路笔墨博物馆的基础上，利用新址更大的展陈空间，系统展示了包括皇家绝胜、名家墨海、名家笔林、红色印记、镇馆之宝等内容，不仅展现两项国家非遗技艺的巅峰绝技，更展现匠人们“一生择一事”的敬业精神。

3. 互动体验：融合产学体验、公众沉浸互动

除了拥有完善的服务设施之外，笔墨宫坊还设有多种智慧互动装置，包括模拟描金技艺装置、墨模查询机器、沉浸式艺术特效影片，以及体验“大如意”墨制作与拼装过程的触摸一体机——这些展项为青少年提供了与中华传统文化零距离互动的契机。

除了智慧互动，游客还能与现场的匠人们一起实践古法技艺，亲手制作属于自己的墨锭，亲手描绘精美图案。如果游客想进一步了解笔墨文化，可以在墨模宝库里欣赏精美拓片、学习拓片技艺；在艺术交流中心欣赏书画名家真迹、参与书画论坛、讲座和团建；在研学教室研习书法、抄经等各类课程。

笔墨宫坊西立面图

墨模宝库｜© 顾杨

大师工作室｜© 同济大学超大城市精细化治理（国际）研究院

制墨窗口｜© 顾杨

翻晾窗口｜© 顾杨

制笔窗口｜© 顾杨

笔墨博物馆｜© 同济大学超大城市精细化治理（国际）研究院

沉浸式艺术空间｜© 同济大学超大城市精细化治理（国际）研究院

4. 市场运营：多媒体运营、扩大品牌效应

在国家级非遗项目与近四百年老字号的基础上，笔墨宫坊采用请进来、走出去两种策略积极推广文化品牌：“请进来”指依托笔墨博物馆，开展专业书画展、定期讲座、笔墨精品展等，努力讲好笔墨背后的中国故事，使老字号再度进入公众视野；“走出去”指向全社会推广宣传笔墨文化，如在上海图书馆开设非遗传承人讲座、走进社区进行非遗技艺传习，以及利用公众号、微信群、QQ 空间、抖音等平台进行多媒体运营，使笔墨文化广泛传播、深入人心。

模拟描金技艺互动装置｜© 同济大学超大城市精细化治理（国际）研究院

描金现场 | © 顾杨

拓片现场 | © 上海周虎臣曹素功笔墨有限公司

手抓墨手造间 | © 同济大学超大城市精细化治理（国际）研究院

描金手造间 | © 同济大学超大城市精细化治理（国际）研究院

4.10.4 保护利用成效

笔墨宫坊的建成开放加快了茶岸文创园的产业转型，提升了园区的文化品位。通过对废旧厂房的修缮，笔墨宫坊将非遗生产与博物、文创、旅游参观等功能相结合，创造性地打造出兼具生产和展览功能的文化空间，积极探索杨浦滨江工业遗产的保护利用及全国非遗生产性保护方法。

此外，笔墨宫坊也是一处融合“非遗＋旅游”的多元空间，并且针对不同游客的需求，提供多种多样定制化的文化活动策划与服务，包括“我是非遗小匠人”“书法入门与鉴赏”等活动。自正式开馆以来，笔墨宫坊先后入选上海首批“社会大美育课堂”、第二批“上海市学生劳动教育基地（场所）”、杨浦劳动教育智库、首批“杨浦区中小幼劳动教育实践基地”等。笔墨宫坊自开放以来，截至 2023 年 9 月底共计组织笔墨导览活动、手作体验、普及讲座、主题活动等 90 余场，观展人次（包括线上）近 1 万，各类报导 30 余篇。开放当天，更是得到了 18 家主流媒体的关注和报道，浏览量超过 220 万。2023 年 8 月，杨浦区 11 个街道的社区文化活动中心先后在笔墨宫坊举办亲子活动，吸引许多家庭参与。通过各类研学体验活动，笔墨宫坊正在让更多青少年了解到中华笔墨文化的博大精深。

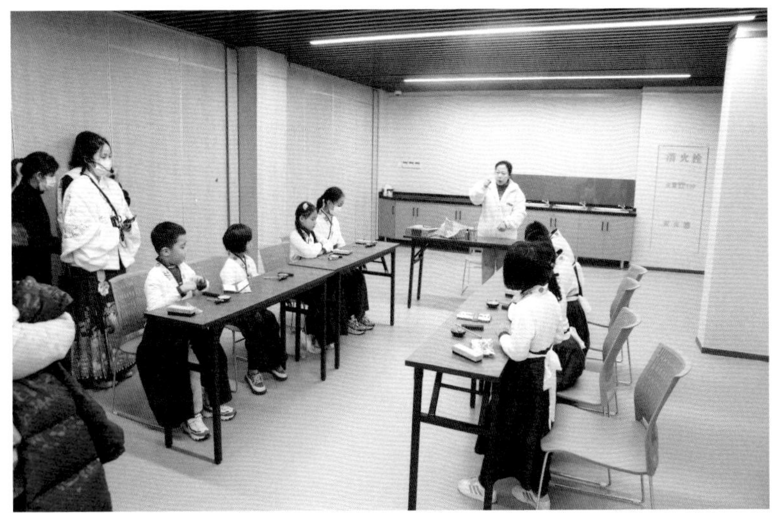

小朋友参加描金制作活动 | © 上海周虎臣曹素功笔墨有限公司

小朋友参观笔墨宫坊 | © 上海周虎臣曹素功笔墨有限公司

参考文献

* 上海市杨浦区地方志编纂委员会编 . 杨浦区志 [M]. 上海：上海高教电子音像出版社，1995：97.

公共服务设施与住宅类

上海市市东中学吕型伟书院现状照片 | © 林山

5.1 上海市市东中学吕型伟书院

缉椝中学教学楼

项目概况

项目地址	上海市杨浦区荆州路 42 号	建筑面积	3149 平方米
保护级别	上海市优秀历史建筑	建设单位	上海市杨浦区教育局
项目时间	2021-2022 年	设计单位	上海明悦建筑设计事务所有限公司
原功能	教学、行政办公、校史展览等	施工单位	上海方驰建设有限公司
现功能	阅览、活动、培训、学习、展示、科研等		

上海市市东中学吕型伟书院修缮前后对比

修缮前（2017年）| © 上海明悦建筑设计事务所有限公司

修缮后（2022年）| © 林山

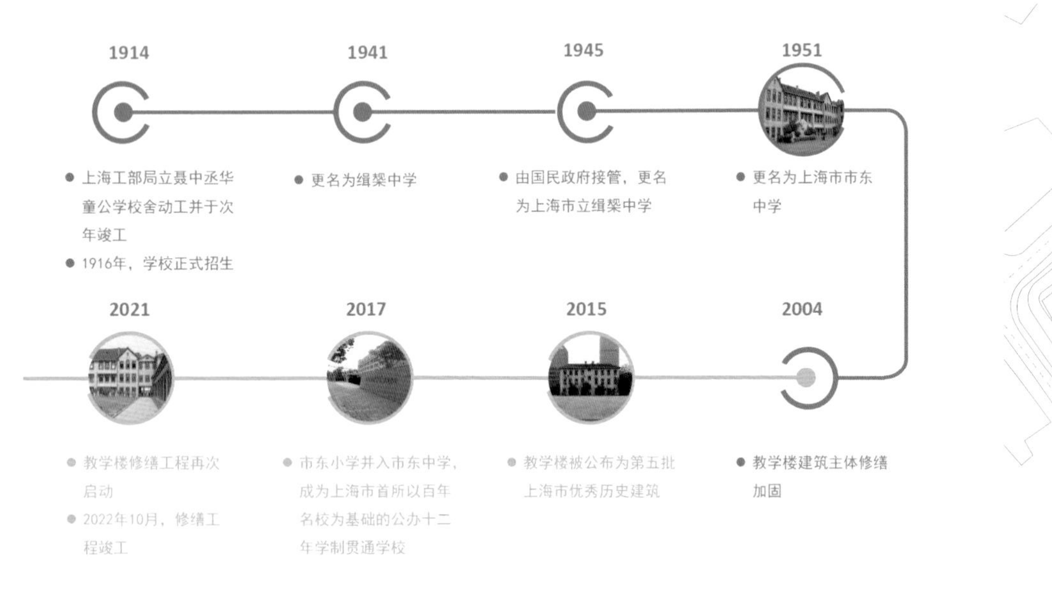

上海市市东中学发展脉络示意图

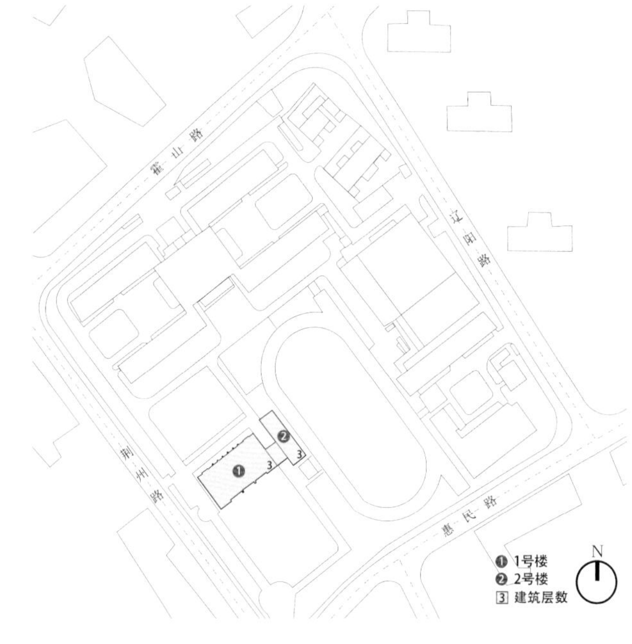

上海市市东中学吕型伟书院分布图

项目简介

上海市市东中学吕型伟书院（缉槼中学教学楼），位于平凉路街道，北邻霍山路，东接辽阳路，南临惠民路，西靠荆州路。作为一所百年名校，市东中学承载了一段教育救国和科教兴国的光辉历史，也是中国近现代教育事业的发展见证与上海城市文脉的重要组成。

校区内保留至今的老教学楼经历百余年风雨侵蚀，在修缮前有一定的老化和损坏现象，其历史风貌也在使用中被多次改变。2021年启动的保护修缮工程，以详实的历史调研和细致的现场查勘为依据，采用传统材料和工艺做法，恢复了历史建筑立面的原有肌理及细部装饰，还原了室内平面格局和重要部位的空间特色。修缮后的教学楼定位为吕型伟书院，成为市东中心的文化集结地，承担了学校历史文化传承和输出的重任。

5.1.1 历史变迁

市东中学的历史可追溯到1910年代初，当时的沪绅聂云台先生①认为杨树浦“苦无良好学校，儿童失学者多”[1]，向公共租界工部局提议创办学校并捐出土地，为纪念其父聂缉椝②取名“工部局立聂中丞华童公学”。学校校舍（今1号楼）于1914年开工建设并于次年竣工，1916年正式开始招生，在当时同类学校中办学条件较为完备[1]。此后，学校又陆续新建足球场和东部三层楼新校舍（今2号楼）等。战争年间，学校几经辗转搬迁，但办学从未间断，直到1941年回迁原址。为与工部局所立二字校名（如育才、格致、晋元等）保持一致，学校改名为“缉椝中学”③。1945年抗战胜利后，学校由国民政府上海市教育局接手，校名改为“上海市立缉椝中学”。1950年上海市市长陈毅任命吕型伟先生④担任校长，次年学校改名为“上海市市东中学”。吕型伟担任市东中学校长的八年期间，在探索社会主义新教育的办学实践中，探索和形成三班两教室、课堂密集提问法、两个课堂并举、普职渗透等先进办学经验，创办了上海最早的校办工厂等，把教育理论和教育实践紧密结合，对上海甚至全国的中学教育产生了积极影响，使得市东中学成为上海教育改革的一面旗帜。2004年，学校修缮1、2号楼并作抗震加固。2015年，由1、2号楼及连廊楼组成的“缉椝中学教学楼”被公布为第五批上海市优秀历史建筑。2017年市东小学并入市东中学，新增校名“上海市市东实验学校”，成为上海市首所以百年名校为基础的公办十二年学制贯通学校。2021年，“缉椝中学教学楼”的修缮工程再次启动，并于次年10月顺利完工。

5.1.2 空间特征

缉椝中学教学楼位于市东中学校区中西部，由1号楼、2号楼及连廊楼组成。其中1号楼由工部局著名建筑师特纳（Robert Charles Turner）主持设计，新古典主义建筑风格。作为工部局重要的公共建筑和知名建筑师的作品，该建筑具有鲜明的时代特征，主要体现在以下三个方面：

1. 造型外观

建筑为三层，立面采用对称构图，东西两端为尖顶造型，外墙拱券窗与矩形窗间隔，整体风格庄严朴素、中西合璧。建筑的门窗套和转角砌筑红砖装饰，典雅别致。修缮前的建筑基本保留原有风貌，细部装饰也保存较好，具有重要的科学和艺术价值。

---

① 聂云台（1880-1953），1880年生于长沙，湖南衡山人，父亲聂缉椝（历任上海道台、安徽巡抚、浙江巡抚），母亲曾纪芬是曾国藩之女。曾考取进士并赴美留学。1904年组建复泰公司，任恒丰纺织新局总经理，1915年赴美考察，改良中国的棉花种植，1922年建成大中华纱厂；1921年发起创办中国铁工厂，制造纺织机械。1917年与黄炎培发起成立中华职业教育社，1920年当选上海总商会会长，1926年出任上海公共租界工部局华董。1922年5月组织“国是会议”，发表《国是会议宪法草案》；1923年与胡宣明组织中国卫生会，从事文字宣传。1943年因骨结核病截去半腿，1953年12月12日在上海病逝。著有《保富法》《勤俭救国说》及《伤寒解毒治法》《结核症辅生疗法》等医学六稿，翻译《无线电学》《托尔斯泰传》等书；为家庭教育而创办《聂氏家言旬刊》（曾用名《家声》《聂氏家语》等）。

② 聂缉椝（1855-1911），字仲芳、仲方，室名心斋，湖南衡山人，清末封疆大臣、洋务派代表人物、中国民族资本家聂亦峰之子，曾国藩小女婿。望族出身，其家族以“三代进士，两世翰林”著称一时。历任江南机器制造总局会办、江南机器制造总局总办、苏松太道台（上海道台）、浙江按察使、江苏布政使、江苏巡抚、湖北巡抚、安徽巡抚、浙江巡抚（故称“聂中丞”）。生平重视实业，创办私有上海恒丰纺织新局。著有《各种经验良方》。

③ 上海明悦建筑设计事务所有限公司，沈晓明，《荆州路42号市东中学教学楼优秀历史建筑修缮工程设计方案》，2018年。

④ 吕型伟（1918-2012），浙江新昌人，我国最富有经验的教育实践家和教育理论家。1946年毕业于浙江大学师范学院。一直站在教育改革的前沿，担任过小学教师、中学教师，也担任过中学校长、教育局长，从事过教育科研，在教育园地里辛勤耕耘70余载，见证了中国教育的百年变迁，尤其见证了改革开放30年来的教育，为我国教育事业的发展作出巨大贡献。曾任上海省吾中学教师、教务主任，历任上海市市东中学校长、上海市教育局处长、中央教育科学研究所研究员、上海市教育局副局长、中国国际教育交流协会副会长、中国教育学会副会长、上海市教育学会会长，华东师范大学、上海师范大学兼职教授。

1 号楼南立面历史图纸 | © 上海市市东中学

1 号楼历史照片（1915 年）| © 上海市市东中学

1 号楼修缮前照片（2017 年）| © 上海明悦建筑设计事务所有限公司

2. 室内布局

建筑平面空间呈东西对称布局，中部为主要使用空间，两翼为楼梯、卫生间、储藏等辅助空间。一层和二层中部为教室、办公室和通高的礼堂，三层中部则设餐厅、艺术室、科学室、讲座室等大空间。在百余年的使用过程中，建筑内部功能虽有调整，但整体空间格局得以延续，仅三层略有变动：走廊北侧两个大空间打通，修缮前作为校史档案室使用；南侧大空间分隔，作办公室。

1 号楼平面图 | © 上海市市东中学

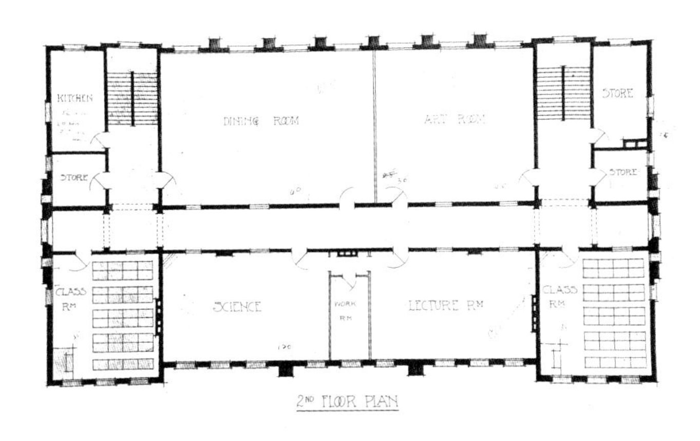

三层历史平面图

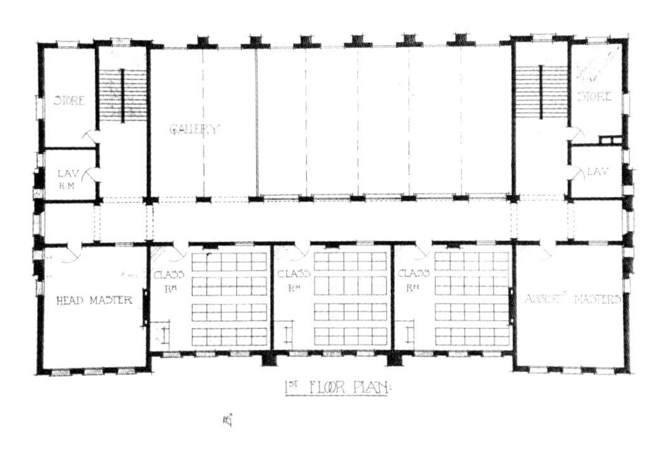

二层历史平面图

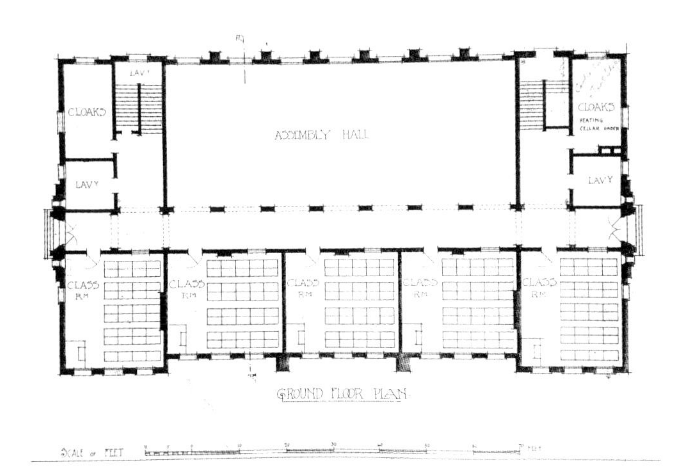

一层历史平面图

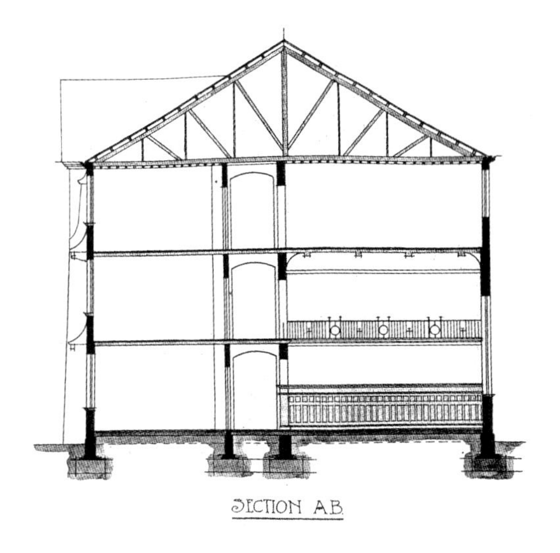

1 号楼剖面历史图纸 | © 上海市市东中学

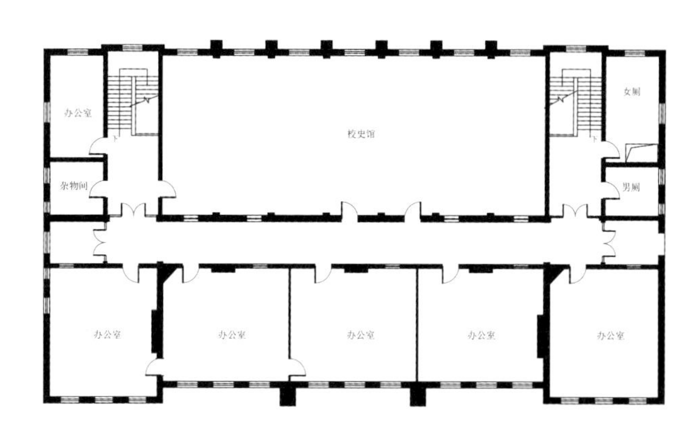

三层修缮前平面图（2018 年）

3. 特色空间

该建筑较具特色的空间有两处：一是两层通高的礼堂，是室内最重要的公共空间，二层局部设有看台。礼堂两层通高的空间延续至今，但修缮前其墙面、天花、地坪、立面格局及装饰细部等已非历史原物。二是贯通东、西的走廊，两端均为拱门洞设计，二层走廊的天花线脚随高窗迂回，墙面有连续的凹凸变化，形成“廊腰缦回”的格局，但修缮前这种变化已不复存在。

礼堂历史照片与修缮前照片 | © 上海市市东中学

历史照片 | © 上海市市东中学

修缮前照片 | © 上海明悦建筑设计事务所有限公司

二层走廊历史照片与修缮前照片

历史照片 | © 上海市市东中学

修缮前照片 | © 上海明悦建筑设计事务所有限公司

5.1.3 保护利用策略

为恢复建筑的历史风貌，同时更好地提升其使用功能，缉槼中学教学楼的保护修缮工程于2021年启动。此次修缮秉持真实性原则和可识别性原则，通过详实的历史研究（包括校史校刊、历史图纸、历史照片、历史航拍图等）以及细致的现场查勘（包括重点部位保存现状、对比历史原状的历年改动情况等），采用传统工艺做法和材料，恢复建筑外观和室内空间的原貌，并植入新的功能。对于历史依据较少的空间（如1号楼部分教室和楼梯、2号楼等），修缮要求与整体历史风貌相互协调。

1. 外观修缮：原貌恢复、精雕细琢

建筑外观的修缮恢复，主要聚焦屋顶、墙面以及门窗等重点部位，注重历史材料、质感和细部装饰的复原。

屋顶修缮：1号楼屋面形式、屋架结构以及烟囱均为历史原物，但存在不同程度的破损。修缮过程中，从上至下拆除屋面瓦、挂瓦条、木望板、檩条、木桁架等，并根据各构件的损坏程度分类堆放，统计不能再利用的构件，如瓦片、木望板等，按原材质、原规格定加工，予以替换。[2] 烟囱顶部缺失的装饰，按历史照片进行修复。结合修缮工程，屋顶新做防水、保温，以提高建筑节能性和耐久度。

屋面修缮前后对比｜ © 上海方驰建设有限公司

烟囱修缮前后对比｜ © 上海方驰建设有限公司

建筑外墙历史照片及修缮前后对比

2 号楼外墙历史照片｜ © 上海市市东中学

1 号楼外墙修缮前｜ © 上海明悦建筑设计事务所有限公司

1 号楼外墙修缮后｜ © 林山

1 号楼西入口修缮前后对比

修缮前 | © 上海明悦建筑设计事务所有限公司

修缮后 | © 林山

1 号楼窗套修缮前后对比

修缮前 | © 上海明悦建筑设计事务所有限公司

修缮后 | © 林山

1 号楼西立面修缮前后对比

修缮前 | © 上海明悦建筑设计事务所有限公司

修缮后 | © 林山

外墙修缮：修缮前 1 号楼建筑外墙为青砖墙面，外做水泥拉毛粉刷，非历史原物；2 号楼外墙为弹性涂料，涂料内材质为粗骨料黄砂砂浆，材质与历史照片材质接近。结合历史照片及现场查勘，修缮施工采用传统工艺，恢复粗骨料的黄砂砂浆墙面[3]。

门窗修缮：建筑西入口门头、檐口装饰等修缮前覆以红色涂料，修缮时通过清洗去除表面涂料，恢复原有历史石材本色，整个门框采用斩假石工艺复原。修缮前建筑外窗的分隔和比例非历史原状，修缮时采用木窗替换的方式，恢复外窗原有样式。窗套红砖装饰表面也为后期改建，修缮时小心地去除窗套后加的面层，根据砖面保存情况采取维持现状、砖粉修复、砖片修复等方式修缮，并对砖缝进行修补，恢复原有质感。

2. 室内修缮：特征还原、场景再现

建筑室内的修缮聚焦礼堂、走廊、教室等重点空间，注重天花、墙面、地坪及细部装饰等还原。

礼堂修缮：两层通高的礼堂在历次装修中许多原有特色装饰被拆除，一层靠走廊一侧与走廊连通的多个门洞改为窗洞，二层方形高窗改为圆窗。修缮拆除礼堂一层靠走廊一侧的窗户，与走廊打通，二层圆窗改回方窗，同时恢复水磨石地坪、木墙裙、天花线脚及牛腿装饰、铁艺栏杆等。值得一提的是，修缮团队在施工前制订设计详图，于场外定制石膏牛腿、石膏线条、铁艺栏杆。所有新做构件均预先制作小样，经设计方和专家确认后施工[2]。

礼堂历史照片及修缮前后对比

历史照片 | © 上海市市东中学

修缮前 | © 上海明悦建筑设计事务所有限公司

修缮后 | © 林山

1 号楼北立面修缮前后对比 | © 上海明悦建筑设计事务所有限公司

修缮前 | © 上海明悦建筑设计事务所有限公司

修缮后 | © 林山

铁艺栏杆修缮前后对比 | © 上海方驰建设有限公司

修缮前

修缮后

一层走廊修缮前后对比

修缮前 | © 上海明悦建筑设计事务所有限公司

修缮后 | © 上海方驰建设有限公司

二层走廊修缮前后对比

修缮前 | © 上海明悦建筑设计事务所有限公司

修缮后 | © 上海方驰建设有限公司

走廊修缮：修缮前走廊的天花、墙面、挂镜线及走廊上木门窗等均非历史原物，其中二层走廊的墙面凹凸变化也已封堵[3]。修缮根据历史照片，恢复各层走廊原有墙裙、门窗等细部，重做走道地坪、天花线脚等，二层走廊恢复其“廊腰缦回”特征。一层走廊与礼堂的地坪相同，均为水磨石材质，修缮过程中将原一层的地砖地面拆除后，经过弹线、镶分格条、涂水泥浆结合层、铺水磨石拌合料、滚压抹平、粗磨、精磨、草酸清洗、打蜡上光的一整套工序，再现当时水磨石地面的特色。[2]

教室修缮：各间教室的墙面、挂镜线、天花线脚等细部在修缮前均已非历史样式。修缮结合历史照片以及不同楼层情况，墙面设计分别采用低、中、高墙裙三种形式，中间通过木墙裙线进行分割，墙面颜色下深上浅。

3. 功能更新：传承文化、实用舒适

修缮前的缉椝中学教学楼主要用于教学、办公、校史展览等功能，修缮后的教学楼将打造具有综合功能的吕型伟书院。功能布局如下：一、二层作为学校阅览中心，植入阅览室、档案间、报告厅及书库等功能，可集阅读、活动、培训、学习、展示为一体，使读者徜徉在“无围墙的知识殿堂”，同时也为学校师生、家长提供交流沟通场所。三层计划作为吕型伟教育思想研究中心，植入阅览室、多功能厅、会议室等功能，在传播学习吕老教育思想的同时，融入现代科技元素，延续校园创新文脉。走廊、楼梯等公共空间充分融入展现市东中学百年历史的文化元素，供在校师生读书、研究之余怡目养情。

此外，在保护历史建筑风貌的同时，为消除安全隐患并提升建筑使用的舒适性和实用性，修缮过程中全方位增强建筑的消防、节能、保温、通风、排水等建筑物理性能。

教室修缮后｜ © 同济大学超大城市精细化治理（国际）研究院

一层教室

二层教室

三层教室

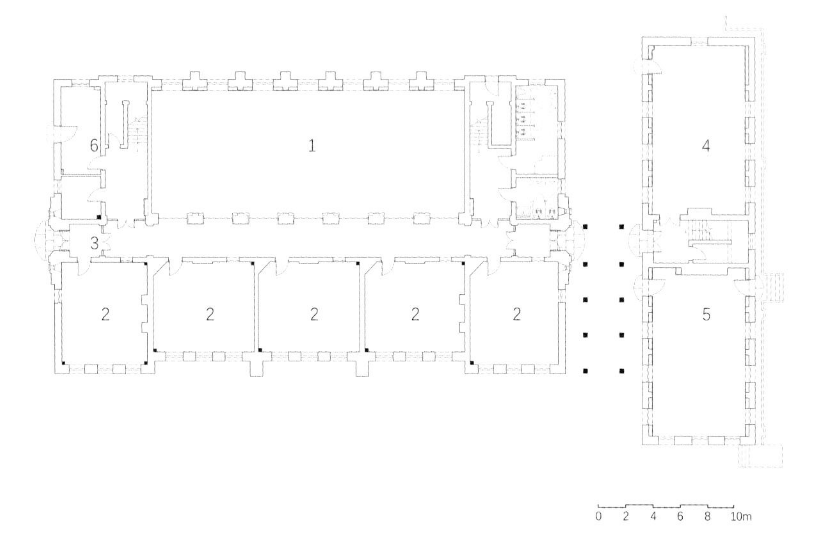

1. 开放阅读室
2. 阅览室
3. 前厅
4. 档案间
5. 书库
6. 休息间

上海市市东中学吕型伟书院一层平面图

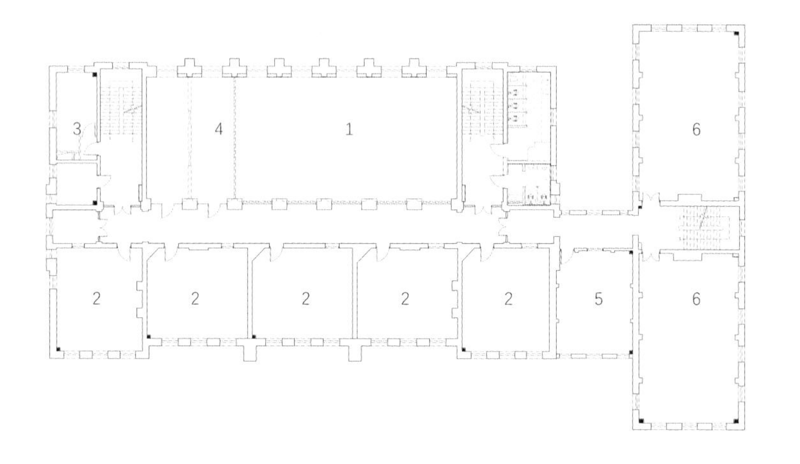

1. 开放阅读室
2. 阅览室
3. 休息室
4. 看台
5. 连廊教室
6. 报告厅

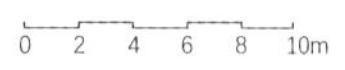

上海市市东中学吕型伟书院二层平面图

5.1.4 保护利用成效

修缮后的绢槼中学教学楼成为吕型伟书院，不仅展现了市东独特的历史文化底蕴和特色，也为学校增添了对外文化交流和展示的窗口。一方面，此次修缮重现了该建筑百年前的历史原貌，恢复了建筑细节和历史场景，有助于后人了解和感受当时的历史背景，传承市东中学的文化基因和历史根脉，同时也提升学校的文化魅力。另一方面，通过修缮建筑的安全性、舒适性和使用品质都得到大幅提升，保护与利用的有机结合使历史建筑焕发出新的活力，拥有承载更多文化交流、学术研究、展览展示等各种活动的可能性。

百余年前，学校就为沪东地区工人子女提供劳动技术、谋生技能学习；解放后，吕型伟老校长明确办学宗旨“把劳动人民子女培育成国家栋梁”；此后，学校延续并丰富了“市政教育”的办学特色，培养城市建设所需的各方面人才。[4] 基于百年历史建筑修缮而成的吕型伟书院，将为学校特色建设和发展提供空间保障，进一步传承吕型伟教育教学思想，弘扬百年市政文化，继续为学校乃至整座城市作出贡献。

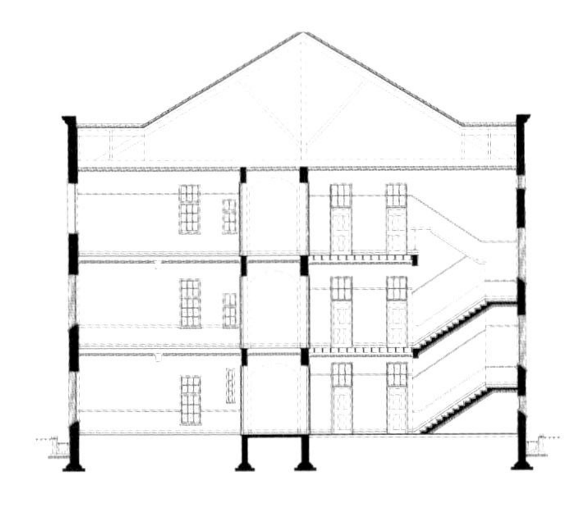

上海市市东中学吕型伟书院剖面图

上海市市东中学吕型伟书院南立面图

参考文献

[1] 上海市东中学 . 缉椝中学简史 [R]// 中国人民政治协商会议上海市杨浦区委员会文史资料工作委员会编 . 杨浦文史资料 第二辑，1988：89-96.

[2] 市历保中心 , 上海市历史建筑保护事务中心 . 历史名校市东中学百年教学楼修缮实录（施工篇）[EB/OL]. [2023-03-07]. https://mp.weixin.qq.com/s/IT7i-ch3_-D-lrUd2BLK_g.

[3] 市历保中心 , 上海市历史建筑保护事务中心 . 历史名校市东中学百年教学楼修缮实录（设计溯源篇）[EB/OL]. [2023-03-07]. https://mp.weixin.qq.com/s/j_G1E_3B72gHncec30HZyw.

[4] 市政教育：培养面向未来的城市建设者——上海市市东实验学校特色普通高中创建项目自评报告 [EB/OL].[2021-10-11]. http://www.sdzx.edu.sh.cn/info/1084/9953.htm.

上海市第一康复医院鸟瞰 | © 李强

5.2 上海市第一康复医院

圣心医院

项目概况

项目地址	上海市杨浦区杭州路 349 号
保护级别	9 号楼为上海市优秀历史建筑、杨浦区文物保护单位；1 号楼为杨浦区文物保护单位；2、3、5、6 号楼为杨浦区文物保护点
项目时间	2021-2023 年
原功能	病房、幼儿园、修女院、教堂等
现功能	病房、行政、科研、教学等
建设单位	上海市杨浦区卫生健康委员会、上海市第一康复医院
设计单位	上海明悦建筑设计事务所有限公司 华东建筑设计研究院有限公司（1、9 号楼基础预加固专项设计）
施工单位	上海维方建筑装饰工程有限公司

3 号楼南立面修缮前后对比

修缮前 | © 上海维方建筑装饰工程有限公司　　修缮后 | © 林山

项目简介

上海市第一康复医院位于杨浦区宁国路与杭州路交界处，紧邻区内周家牌路工人住宅区，是杨浦区内唯一一家康复型医院，也是上海市重要的康复医院之一。其前身为公教进行会会长陆伯鸿于 1923 年创建的圣心医院，院内现存 6 幢西式建筑，建成以来始终作为医院院舍使用。

院内的历史建筑经过历年改造与使用，外立面破损、历史装饰缺失、内部格局破坏，且无法满足市民对其医疗功能的需求。[①]2021 年启动的保护修缮工作，在尊重场所精神、实现文脉传承和满足新时代医疗需求的多重目标下，对医院类历史建筑保护利用进行探索。修缮工作聚焦建筑立面和室内重点保护部位及特色部位，力争恢复“圣心医院”的历史风貌，展现丰富的历史元素并传承其历史价值。同时，为满足现代化康复医院的需要，通过提升建筑的整体功能，优化设备设施等策略，更好地为患者和市民提供优质医疗服务。

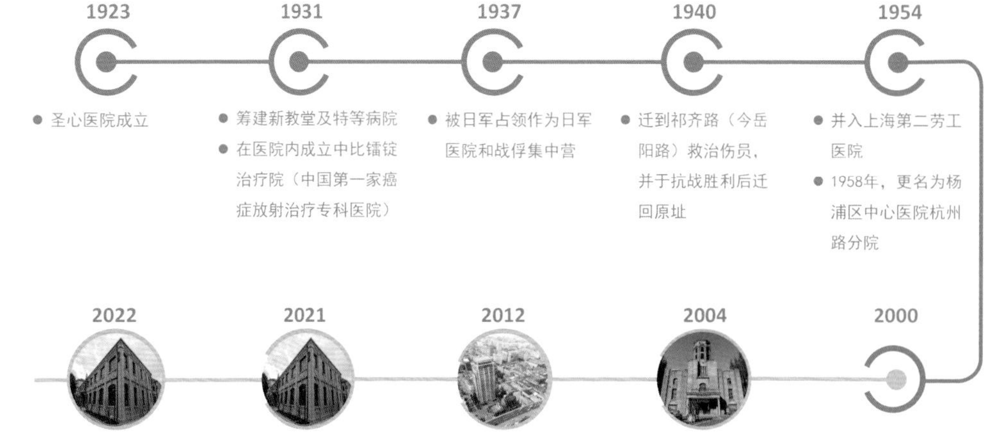

上海市第一康复医院发展脉络示意图

① 上海明悦建筑设计事务所有限公司，《杭州路 349 号优秀历史建筑上海市第一康复医院保护修缮设计方案》，2019 年。

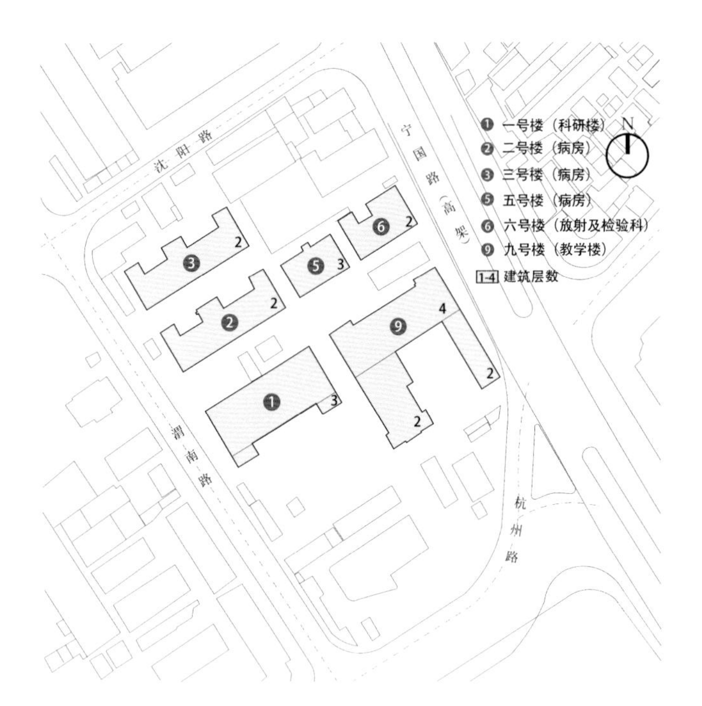

上海市第一康复医院现状分布图

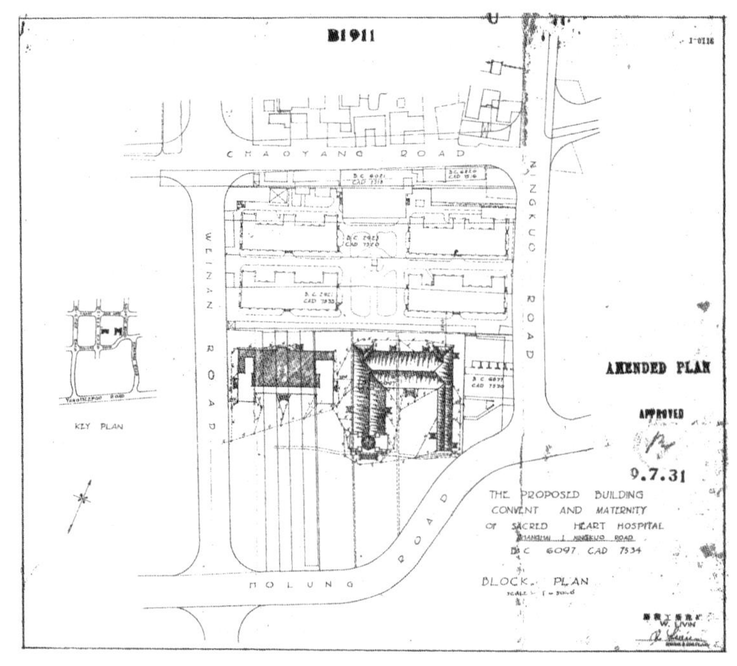

圣心医院 1931 年 7 月规划设计图｜© 上海市城建档案馆

5.2.1 历史变迁

1843 年上海开埠为通商口岸，杨树浦一带逐渐发展成为工业区，公教进行会会长、华人实业家陆伯鸿② 为了方便工业区内大量的工人和贫苦百姓就近就医，1923 年在宁国路筹资建造了一座教会医院——圣心医院，为患者救难解危。[1] 随后由于病房供不应求以及信徒日益增多，1931 年圣心医院筹建一座特等病院和名为“耶稣圣心堂”的教堂[2][3]（1933 年竣工）。与此同时，在医院创始人之一的宋梧生③ 努力下，医院与中比庚款委员会合作，从法国购进最新的镭锭医疗仪，在院内成立中国第一家癌症放射治疗专科医院——中比镭锭治疗院（今复旦大学附属肿瘤医院）。

1937 年抗日战争爆发，圣心医院被占领，先后成为日军医院和战俘集中营。1940 年，该院与圣心护校一同迁至祁齐路（今岳阳路），抗战胜利后迁回原址。1951 年，中比镭锭治疗院由上海市政府卫生部门接管；圣心医院则于 1954 年并入上海市第二劳工医院。1958 年，上海市第二劳工医院更名为“杨浦区中心医院”，原圣心医院随之更名为“杨浦区中心医院杭州路分院”。2000 年 5 月，再次更名为“杨浦区老年医院”。2004 年 2 月，医院 1 号楼与 9 号楼被公布为杨浦区文物保护单位；2005 年 10 月，9 号楼被公布为上海市优秀历史建筑；另有 2、3、5、6 号楼为杨浦区文物保护点。

2012 年，杨浦区老年医院转型为“上海市第一康复医院（筹）”，经过两年的建设，正式更名为“上海市第一康复医院”。2021 年 2 月，上海市第一康复医院 2、3 号楼的保护修缮工作正式启动，同年 10 月竣工；2022 年 12 月，5、6 号楼的保护修缮工作启动，2023 年 7 月竣工。目前，1 号楼和 9 号楼正在有序推进基础预加固工作。

② 陆伯鸿（1875-1937），原名陆熙顺，生于上海南市顾家弄。20 世纪上半叶中国知名企业家、慈善家和天主教人士。18 岁中秀才，20 世纪初作为上海总商会代表，赴美、意、瑞士等考察。曾任华商内地电灯公司、华商电车公司（两家合并为华商电气股份有限公司）、闸北水电公司的总经理；创办和兴化铁厂、和兴钢铁厂（解放后的上海第三钢铁厂）、大通航业公司；操办新普育堂、普慈疗养院、圣心医院、中国公立医院、南市时疫医院、北京中央医院等慈善机构以及多所中小学校。

③ 宋梧生（1895-1969），中国近现代医学家、最早的癌学专家，浙江余姚人。1922 年获法国里昂大学医学博士和哲学博士学位。先后担任上海圣心医院内科主任、光华大学教授和中央研究院化学研究所的研究员。创建中国第一所肿瘤放射性治疗的医院，也是解放前唯一的肿瘤治疗医院——中比镭锭治疗院（1931 年 3 月 1 日成立）；创建上海第一所药科大学——中法大学，任教务长和药学专修科系主任；创办中国第一家制造医用注射用试剂葡萄糖生产企业——大中化工厂，出任经理。兼任中国药学会理事、中华医学会理事和中国化学化工学会理事。

5.2.2 空间特征

自 1923 年圣心医院创办，几经变迁至转型为上海市第一康复医院，医院内空间格局有过数次变化，而南北轴线关系始终存续。历史建筑虽经一定改动，但整体风貌和特色保存较为完好，承载着独特的历史与艺术价值。

1. 空间格局

医院创办之初建有 4 座病房大楼（今 2、3、6 号楼和大桥指挥部的 1 栋楼）、1 座幼稚园和 1 座修女院[1]，整体呈对称布局，南北轴线清晰，中心设有绿地花园。1931 年医院南侧新规划设计特等病房（今 1 号楼）和教堂（今 9 号楼），教堂高耸的塔楼位于中轴线上，成为医院内的视觉中心，也进一步强化了轴线关系。1970 年代医院的中心花园内新建三层建筑（今 5 号楼），1990 年代宁国路高架的建设使东北侧两栋建筑被切割，其余建筑未受损害。

2. 建筑风貌

医院内的 6 幢历史建筑中，2、3、6 号楼建设年代最早，且整体外观较为一致，为古典主义风格，立面装饰线脚较多。1、9 号楼由陆伯鸿长子陆隐耕规划，俄国建筑师 W. 李文 · 戈登士达设计[1]，为折衷主义风格，外立面均为水刷石。其中 9 号楼是原圣心医院的教堂，建筑风格最为独特，折射出医院与教会之间的紧密联系。9 号楼平面呈“凹”字形布局，正立面顶部为欧洲中世纪样式的八角形钟楼，内有保存状况良好的教堂大厅。大厅内部侧立面可见罗马式教堂惯用的扶壁和半圆券，窗棂间镶嵌精美彩色玻璃，铺地为马赛克拼嵌而成的几何图案。9 号楼主体部分基本保持原来面貌，是上海保存较好的教会医院建筑之一。[4]

上海市第一康复医院 2019 年航拍图 | © 上海明悦建筑设计事务所有限公司

1 号楼历史与现状照片

历史照片 | © 上海明悦建筑设计事务所有限公司

现状照片（2023 年）| © 同济大学超大城市精细化治理（国际）研究院

9 号楼历史与修缮前照片

历史照片 | © 上海明悦建筑设计事务所有限公司

现状照片 | © 郑峰

9 号楼室内照片

半圆券大厅 | © 李强

彩色玻璃窗 | © 同济大学超大城市精细化治理（国际）研究院

马赛克地面 | © 李强

5.2.3 保护利用策略

为了加强历史建筑的保护，同时满足现代医疗功能的需求，杨浦区人民政府启动上海市第一康复医院的保护修缮工程。修缮工程遵循真实性、可识别性和整体性原则，以细致的现场分析调查和详实的历史调查为依据，对建筑外观和室内空间的装饰细部、历史材质等进行修复还原，并提升建筑的空间体验和舒适性。

1. 总体筹划：分期推进、功能优化

为保障在修缮期间医院依然能够正常运营，整个修缮工程分三期推进：2、3 号楼为一期，5、6 号楼为二期，1、9 号楼为三期。

2 号楼（原神经、肿瘤康复科）和 3 号楼（原肺功能、内分泌与肾功能康复科）位于医院西北角，施工期间对其他楼栋影响较小，并且能够快速有效改善住院环境、提升医院服务质量，作为一期工程优先进行修缮。修缮完成后，2、3 号楼延续了原有的康复病房功能。

5 号楼（原行政楼）和 6 号楼（原病房与内科）位于 2 号楼东侧，为二期工程。其中 5 号楼为 1970 年代建造，整体质量一般，仅对其外立面进行简单修缮，目前暂为病房。6 号楼修缮后短期内作为放射科、检验科等医技用房，远期考虑改为行政办公楼。

1 号楼（原骨科康复中心、手术室等）和 9 号楼（原门急诊、药房及康复治疗中心及病房等）紧邻医院西南角规划新建的高层综合楼，保护级别较高，作为三期工程。由于新建工程基坑深度较深，为确保后续施工过程中有效控制相邻房屋沉降，避免对正常使用功能有影响，1 号楼和 9 号楼均做必要的基础预加固，待新建工程顺利实施后，再开展这两栋历史建筑的保护修缮工作。1 号楼未来将作为康复治疗及科研楼使用；9 号楼则将承载教育及交流职能，教堂大厅作为未来医院核心的对外展示空间，其余空间将植入院史展示、内部教学及实践教育、阅读、会议、研讨等多种功能。

2. 保护修缮：修旧如旧、风貌还原

经过近百年的发展变迁，医院内的历史建筑由于年久失修和自然老化等原因，外立面呈现出不同程度的破损，原有历史装饰缺失。建筑室内格局也遭到一定破坏。修缮基

9 号楼基础预加固工程现场 | © 同济大学超大城市精细化治理（国际）研究院

于详细的现场调查和历史研究，力求恢复建筑的历史原貌。

立面修缮：2、3 号楼建筑外立面原为水刷石材质，后刷浅黄色涂料，导致风貌丧失。修缮过程中小心地清除后期涂刷涂料和后期覆盖修补的水泥砂浆抹灰层，对墙面按原水刷石软、硬底脚的情况分别完成水刷石的各道施工工序，还原历史墙面原有肌理、色彩及质感[6]。与此同时，外立面重点保护装饰线条、南立面山花、宝瓶栏杆等，按照原样对粉刷层进行修复；外立面后期新加的塑钢窗全部拆除，门窗替换为柳桉木窗。

3 号楼外立面修缮前后对比 | | © 上海维方建筑装饰工程有限公司

修缮前

修缮后

2 号楼阳台修缮前后对比 | © 上海维方建筑装饰工程有限公司

修缮前

修缮后

2 号楼入口大门修缮前后对比 | © 上海维方建筑装饰工程有限公司

修缮前

修缮后

2 号楼窗修缮前后对比｜© 上海维方建筑装饰工程有限公司

修缮前

修缮后

9 号楼礼拜堂设计方案｜© 上海明悦建筑设计事务所有限公司

礼拜堂大厅效果图

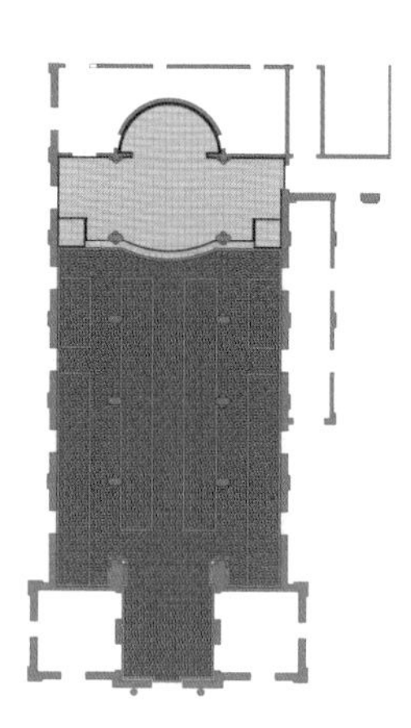

地面铺装设计图

彩色玻璃设计图

2 号楼修缮后的走廊 | © 上海维方建筑装饰工程有限公司

2 号楼修缮后的楼梯 | © 上海维方建筑装饰工程有限公司

室内修缮：2、3 号楼建筑室内由于经历多次装修已无历史痕迹。修缮拆除后期改造加建的轻质隔墙、轻钢龙骨天花及其附属石膏板、门窗防盗栏杆等[1]，恢复水磨石地坪、水磨石墙裙、木门窗等特色装饰，并修缮水磨石楼梯、水磨石门套等细部，从而复原室内公共空间的历史原貌。

1、9 号楼尚未正式启动修缮工程，根据修缮方案，未来 9 号楼将对屋面、外立面、塔楼等外部重点部位，以及楼梯间、礼拜堂（包括大厅天花、彩色玻璃、地面彩色面砖等）、入口门厅等内部重点部位进行保护修缮，恢复其历史特征。1 号楼也将参照 9 号楼相关要求和标准进行保护性修缮。

3 号楼修缮后的病房门口 | © 上海维方建筑装饰工程有限公司

2、3 号楼修缮后外观 | © 林山

2 号楼

3 号楼

3 号楼修缮后的门厅 | © 上海维方建筑装饰工程有限公司

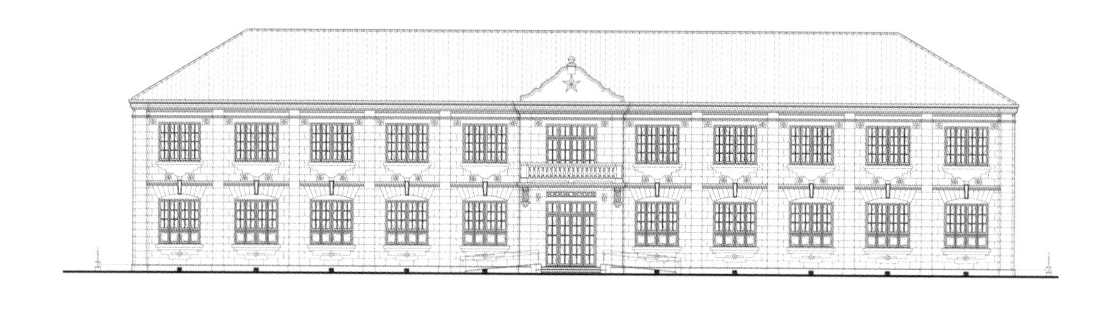

2 号楼南立面图

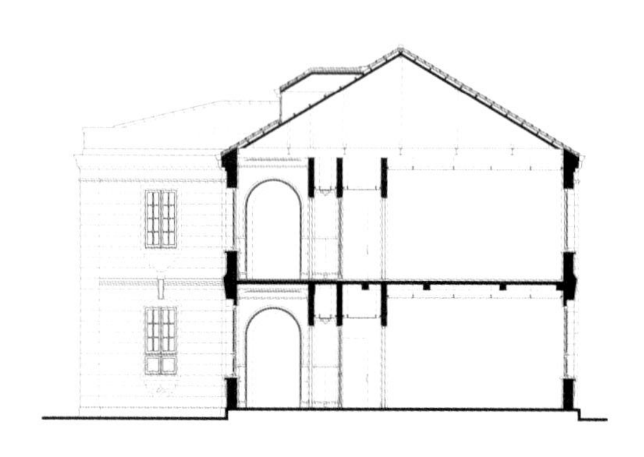

2 号楼剖面图

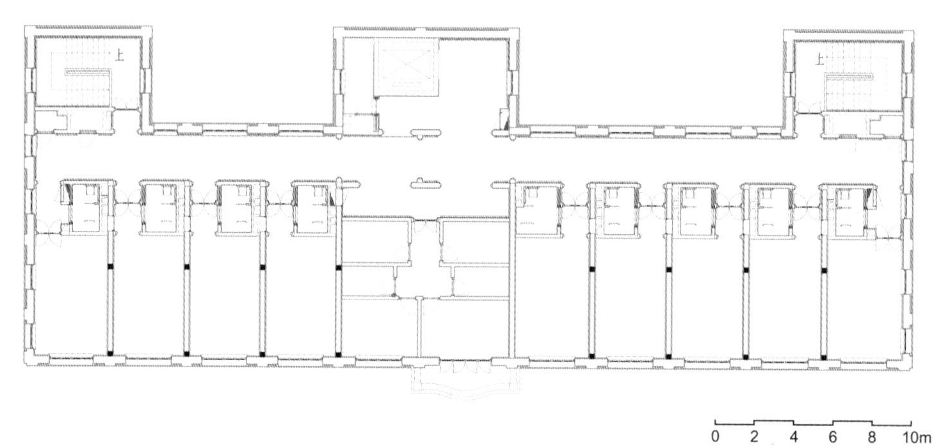

2 号楼二层平面图

3 号楼神经康复科病房内修缮后照片 | © 上海市第一康复医院

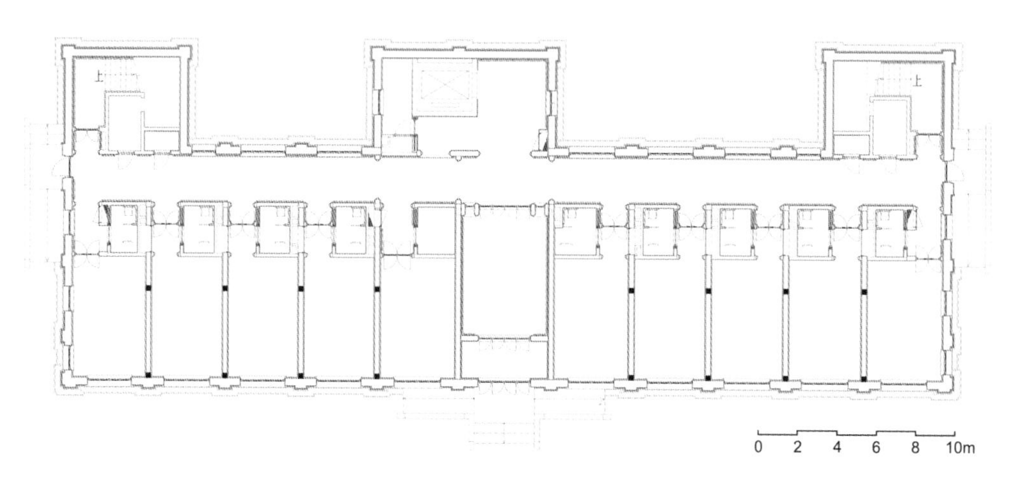

2 号楼一层平面图

3. 性能提升：结构加固、设施更新

为满足现代化康复医院的使用需求，提升建筑的空间体验感和舒适性，消除安全隐患，修缮在保持建筑空间格局、室内风貌的前提下，加固建筑结构，并采用隐蔽手法对室内设备设施进行整体升级，从细处体现对患者的人文关怀。

结构加固方面，6 栋建筑在修缮前均进行房屋安全检测。2、3、6 号楼修缮过程中对于受压、抗震承载能力不满足要求的部位进行加固，同时根据病房现代化功能要求进行局部的结构替换。医疗设备整合方面，修缮过程中利用墙面空间整合现代化设备，在墙面集成供氧、供气、负压等多种气体管道，通过接口供应到每个床位，并整合呼叫系统、监控仪等设备。[7] 空调系统方面，每栋楼采用多联机空调系统，室内设置独立的新风空调系统供应新风，消除原来大量空调外机对建筑立面风貌的影响。此外，建筑的消防系统、给排水系统、电气设备等也同步实施升级。

5.2.4 保护利用成效

圣心医院的百年文化与人文精神已成为上海城市文脉的一部分。修缮在充分解读历史建筑风貌、文化特征的基础上，恢复其原有风采，并对使用功能进行提升优化，为建筑注入新的活力。目前，医院 2、3、5、6 号楼的保护修缮工程已经顺利竣工并投入使用，获得广泛的社会好评。2 号和 3 号楼保护修缮工程荣获 2022 年“上海市建设工程白玉兰奖”及第三届上海市建筑遗产保护利用示范项目，并且在搜狐、澎湃、上观新闻、新民晚报等知名媒体中被广泛报道。修缮工程不仅为患者和市民带来更好的就医体验，让公众对城市文化有了更深的理解，同时也为卫健类建筑遗产的保护利用提供了重要示范。

参考文献

[1] 教中新闻：上海圣心医院纪事 [J]. 圣教杂志，1932，21（2）：124-125.

[2] 圣心医院新院落成 [J]. 汇学杂志：乙种本，1934.8(5):77.

[3] 教中新闻：补志上海圣心医院圣心堂开堂盛况 [J]. 圣教杂志，1934,23（2）：126.

[4] 上海市杨浦区地方志编纂委员会编 . 杨浦区志（1991-2003）[M]. 上海：上海高教电子音像出版社，2009:926.

[5] 上海维方建筑装饰工程有限公司 . 上海第一康复医院 | 修复“圣心”延续历史 [EB/OL]. 上 海 维 方 .(2022-09-14)[2023-09-12]. https://mp.weixin.qq.com/s/wyE8pNWIeOmqF6jBxNWoaQ.

[6] 上海明悦建筑设计事务所有限公司 . 以心传薪：圣心医院 2 号、3 号楼修缮工程 [EB/OL]. HNA 明悦建筑 .(2022-10-24)[2023-09-12]. https://mp.weixin.qq.com/s/FfyvyD4l0DRDKrmFAki1ag.

长白 228 街坊鸟瞰图｜© 林逸

5.3 长白 228 街坊

项目概况

项目地址	上海市杨浦区敦化路、延吉东路、长白路、安图路围合区域	建筑面积	4.1 万（其中地上约 2.6 万平方米，地下约 1.5 万平方米）
保护级别	/	建设单位	上海创寓科技发展有限公司
项目时间	2016-2023 年	设计单位	上海日清建筑设计有限公司
原功能	居住	施工单位	上海建工二建集团有限公司公司
现功能	居住、展示、商业、餐饮、公共服务等复合功能		

长白 228 街坊 1 号楼修缮前后对比照片

修缮前（2016 年）｜© 上海日清建筑设计有限公司

修缮后（2023 年）｜© 上海杨浦科技创新（集团）有限公司

项目简介

长白 228 街坊位于上海市杨浦区敦化路以东、延吉东路以南、长白路以北、安图路以西，是 1952 年上海市兴建的第一批“两万户”工人住宅。1985 年始，因已达到设计使用年限，“两万户”陆续被拆除。到 2016 年启动更新修缮时，228 街坊已成为上海仅存的“两万户”工人住宅。鉴于其重要的历史价值，修缮长白 228 街坊时，放弃了以拆除重建为主的“旧改模式”，采用以保护利用为主的“有机更新”模式。将街坊内的保护建筑和公共要素纳入城市更新单元的法定规划，并采用分级保护策略，将历史上的工人住宅、当前的社区更新与未来的地区发展联系起来。在政府主导、多部门统筹和公众参与的推动下，更新在改善空间品质的同时也让社区空间的公共价值和多元利益得到平衡。2017 年，长白 228 街坊规划设计荣获“上海优秀城乡规划设计奖”。

近几年，经过政府的精心打造，长白 228 街坊作为上海市第一批 12 个城市更新示范项目之一，历经时代变迁与修缮后华丽回归，成为杨浦乃至上海工业文化的潮流地标和“文化更深厚、社区更便利、资源更丰富、社交更多元”的“15 分钟社区生活圈”样板街坊。

5.3.1 历史变迁

上海解放不久，总工会、劳动局、工务局等单位根据市委市政府指示，以普陀区为试点开始规划工人住宅。[1] 受第一个工人新村（曹杨新村）的影响，华东军政委员会同意在沪东、沪西大规模兴建工人住宅，并成立上海市工人住宅建筑委员会。1952-1953 年间，以“坚固、适用、经济、迅速”为原则的 17 个工人新村建成。这批工人新村共 2000 幢，每幢住 10 户，可供两万户职工家庭居住，世称“两万户”。[2]

228 街坊于 1952 年 9 月开工建造（同期兴建的还有控江新村、凤城新村和鞍山新村），1953 年 5 月竣工，是第一批完成的“两万户”工人新村。建成时，228 街坊共有 14 幢，290 户人家，第一批住户大多是劳动模范和先进工作者。[3] 然而，随着时间推移和工人家庭成员的增加，228 街坊居住拥挤的问题（大间约 20 平方米、小间约 15 平方米）愈发突出。1979 年上海市建设委员会批准“两万户”加建计划，在原有建筑的南侧进行扩建。由此，228 街坊的每户人家获得约 9.5 平方米的额外居住空间。[3]

1985 年，鉴于部分“两万户”已达到设计使用年限，上海市城市规划建筑管理局报经市政府同意，决定对部分“两万户”进行拆除重建。自 2002 年起，杨浦区“两万户”迎来大规模的拆除，长白 228 街坊中的 12 幢房屋也被划入旧改范围。2015 年，杨浦区将长白 228 街坊“两万户”列为杨浦区城市更新试点项目并启动规划评估和调整工作。2016 年 6 月，长白 228 街坊全体居民搬迁完成。同年，长白 228 街坊被纳入上海市城市更新示范项目，规划对街坊部分原“两万户”住宅进行保留，并新增商业、文化、众创办公等复合功能，打造新的社区公共空间。2019 年底，长白 228 街坊修缮项目启动，2023 年竣工并交付使用。

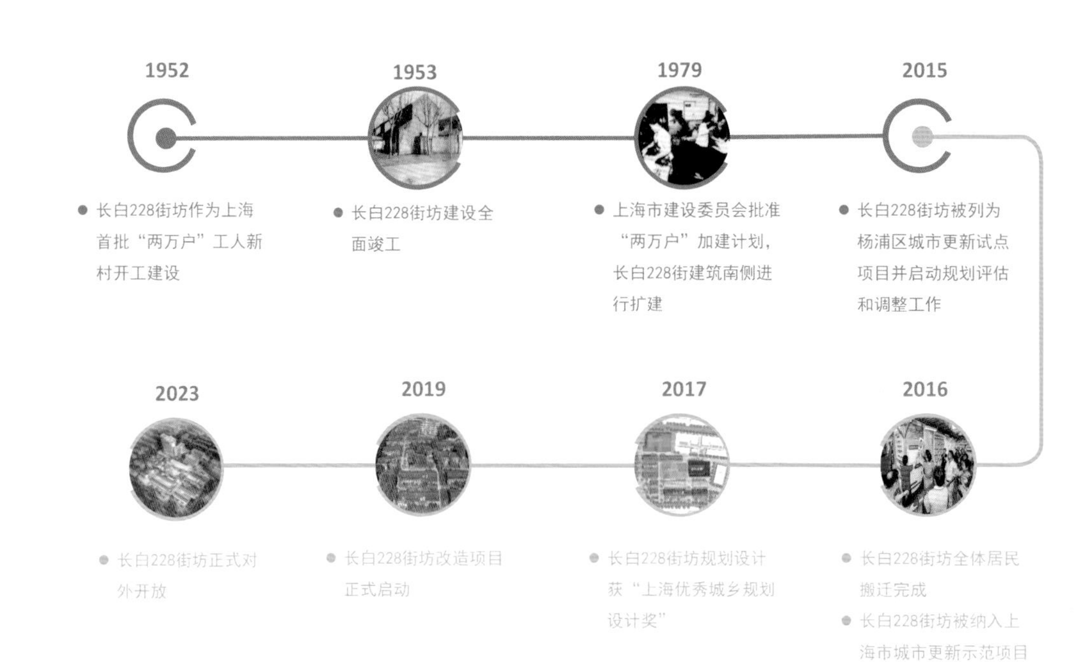

长白 228 街坊发展脉络示意图

长白“两万户”住宅历史风貌图 | © 上海市杨浦区档案馆

1953 年及 1979 年的户型平面图对比 | © 上海明悦建筑设计事务所有限公司

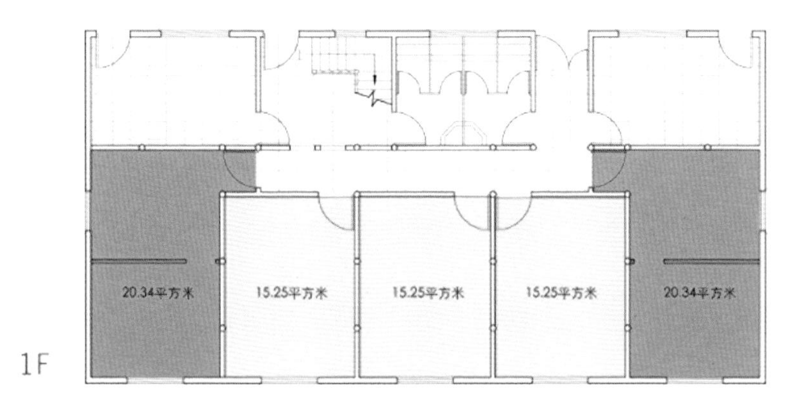

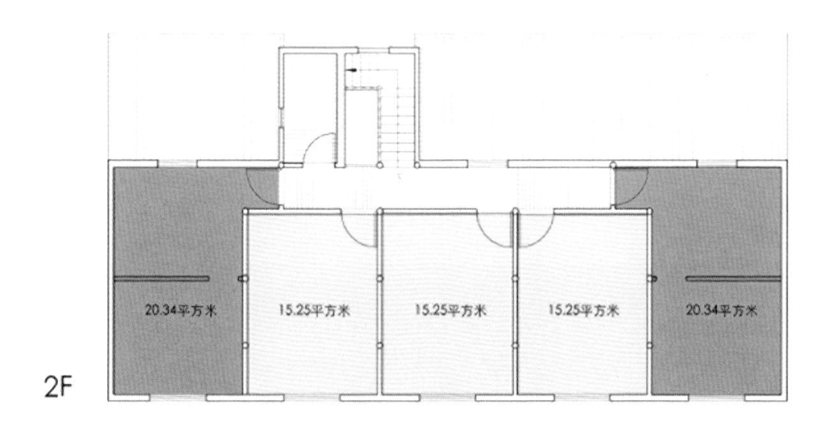

（a）1953 年建造初的户型平面图

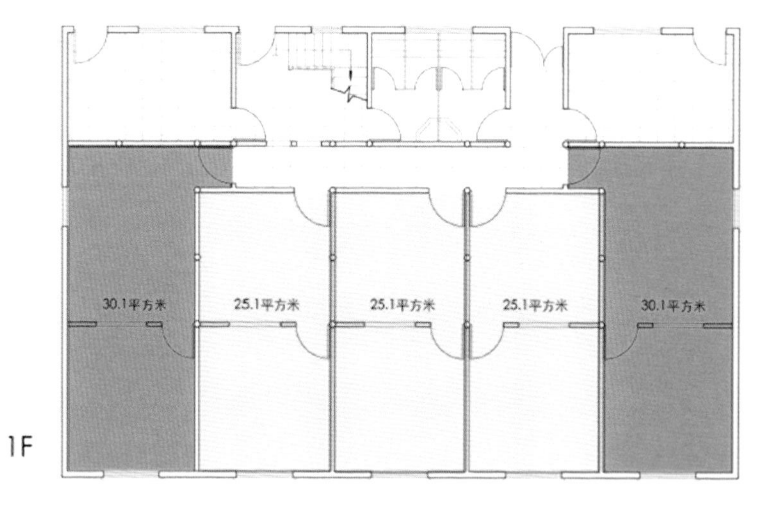

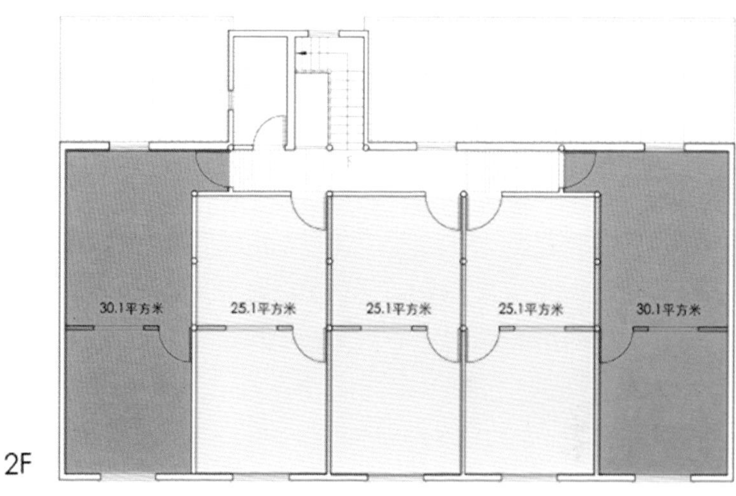

（b）1979 年加建修缮后的户型平面图

5.3.2 空间特征

1. 空间类型的稀缺性：仅存的“两万户”工人住宅

“两万户”工人住宅是新中国成立以来住宅建设的重大项目，体现了社会主义制度下人民政府对工人阶级的关怀。[1] 当时建造的两层小楼、行列式住宅、开敞的公共空间、共用厨房和卫生间的空间类型和住区环境，对于刚从棚户、滚地龙中迁出的工人来说，无疑有一种翻身做主人的幸福感。这使得“两万户”住宅成为彰显工人自豪感的典型居住空间类型。然而，由于达到原设计使用年限，1985 年上海市规划建筑管理局报经市政府同意后，开始陆续对“两万户”进行拆除重建。直到 2016 年在长白新村面临修缮时发现，长白 228 街坊在空间类型上已成为全市仅存成片的、完整的“两万户”街坊。作为社会主义时期上海工人住宅的代表，长白 228 街坊不仅具有展示上海城市发展史、住宅建设史以及工人生活史的重要历史价值，而且具有再现社会主义生活方式和重温工人集体记忆的重要空间类型价值。

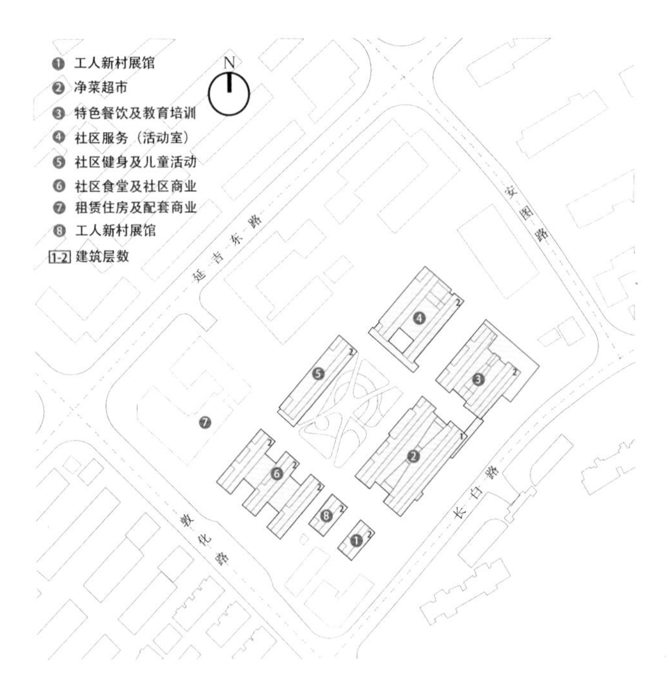

长白 228 街坊分布图

长白一村 1-99 号（图门路居委会、长白路第一居委会）“两万户” | © 上海市杨浦区档案馆

五户人家共用的厨房 | © 上海市杨浦区档案馆

2. 空间组织方式的典型性：“两万户”工人住宅的典型建筑组团

长白 228 街坊在组团布局和建筑单体两方面体现了“两万户”工人住宅特征。在组团布局方面，长白 228 街坊呈现两横两纵的路网格局和行列式的住宅排布。住宅建筑之间以花园绿地间隔，并种有高大乔木；中心绿地约 4000 平方米，是居民休憩的重要场所，街坊内部空间宽敞且相互贯通。[3] 这种行列式布局和院落式公共空间是“两万户”工人住宅的重要特征。

在建筑单体上，长白 228 街坊采用砖木结构，二层坡屋顶和素墙红窗。每幢住宅采用单元式设计，每个单元分上下两层，每层 5 个房间，可住 10 户人家。水、电、煤气俱全，厨房、厕所、洗衣集中位于底层，五户合用。因为强调低成本的快速建造，虽然建筑的艺术价值有限，但建筑设计中采用的水泥墙、红木窗、机平瓦、立帖式木梁架、砖砌承重墙、木楼面是当时住宅建筑的普遍做法，带有鲜明的时代特征。

5.3.3 保护利用策略

1. 政策创新：公共要素评估、控规局部调整

长白 228 街坊是杨浦区长白新村街道的重点旧改项目之一。由于地块内的建筑尚未列入保护名录，原规划采用的是拆除重建的旧改模式。2015 年，上海城市更新开始向小规模、渐进式的有机更新转型。经过全面的评估和研究，作为上海仅存的成片“两万户”住宅，长白 228 街坊放弃了原定的“旧改模式”，转而采用有机更新的思路和方法。新的保护利用规划通过原位复建的方式将建筑外立面和内部主要空间格局恢复至 1953 年建成后的初始状态。

长白 228 街坊的整体更新通过现场调研、公众访谈、问卷调查等方法，系统性评估街坊及周边社区的公共要素（公共服务设施和公共开放空间）[4]，并以此为基础开展控规的局部调整工作，形成控规优化清单以及城市更新单元公共要素清单，明确各系统更新要素以及紧迫程度，最终确定项目的实施方案。[5]实施方案将长白 228 街坊的用地功能从原来的住宅和商业，调整为周边地区所需的商业、商务、文化和公共服务配套等功能，切实解决社区居民所需，完善公共服务体系，优化空间环境品质。

2. 建筑设计：分级保留保护、再现集体记忆

（1）分级保护策略，延续建筑风貌：针对场地内建筑的留存现状，长白 228 街坊采取三级保护利用策略：①对于 1952 年首批建造且保存相对完整的 2 幢住宅（1 号楼和 8 号楼），通过原位复建的方式将历史风貌完整保留；②对于街坊内其他建筑采取外立面延续风貌，层高适当增加，结合时代和社区的需要，重新定义内部空间等方法进行风貌延续；③拆除 1979 年加建改建的部分，根据新功能需要进行屋顶加建、外立面拓展，增加趣味性和标识性等方式，为场地提供更多的公共空间。

（2）保留组团结构，延续院落空间：长白 228 街坊保护利用沿袭了 12 栋风貌建筑的组团结构和中心庭院的历史格局[①]，包括：①建筑围绕中心绿地的院落式布局；②建筑单体朝东偏南方向的行列式布局；③两横两纵的路网结构。此外，长白 228 街坊还根据历史航拍图和生活影像照片恢复“两万户”时代的重要生活场所，如根据街坊西南侧有河流、居民取水、浣衣的记忆痕迹，以及在街坊曾有街角花园和居民茶余饭后小聚闲谈的场景，更新规划将这两处空间分别恢复为“两万户”历史文化广场和街角花园。

(3) 保护历史元素，复原生活场景：区别于其他上海特色建筑（石库门、老洋房等），工人新村作为上海独特的建筑形式，大多由砖木

长白 228 街坊修缮前鸟瞰 | © 上海日清建筑设计有限公司

修缮后内部道路与周边路网重新贯通 | © 上海安墨吉建筑规划设计有限公司

① 上海日清建筑设计有限公司，赵晶鑫，刘晓理，方异辰，《杨浦区长白社区 228 街坊“两万户”城市更新设计》，2018 年。

为延续风貌对建筑外观材质和形体进行适量调整 | © 上海杨浦科技创新（集团）有限公司

完整保留历史风貌特色 | © 上海安墨吉建筑规划设计有限公司

家门口的好去处｜ © 上海杨浦科技创新（集团）有限公司

结构建成，体现出当时实用、朴素的设计理念。设计团队经过细致的现场调研和历史考证，对两万户建筑外墙面、门窗、屋面、内部空间和特色构件进行保护更新。①确定建筑外立面原为黄砂水泥砂浆粉刷饰面，在外墙面修复过程中采用原有材质和工艺，保留部分古锈和历年破损痕迹，以体现建筑岁月感；②修缮按照原有形式和位置对木门窗进行更新，采用双层中空玻璃提升建筑节能和使用舒适性；③恢复原有坡屋顶屋面，尽量采用现场保存下来的原有红色平瓦，呈现原汁原味的历史风貌；④保留东侧端头相邻 2 个住户空间，保留它们的厨房和卫生间，其余空间作为串联的展厅配合展示，打造原两万户住宅生活体验馆，重现“两万户”时期的居住环境，让公众重温历史风貌；⑤考虑到周边地下空间的开发以及建筑本体再利用过程中的安全性及可靠性，置换建筑结构：将内部砖木结构置换为混凝土框架结构，并保留原有特色木结构作为装饰构件。为了避免参观人流的交叉冲突，在建筑西侧加建疏散楼梯。通过这些原貌复原，让人们重温“两万户”时期的居住环境和历史风貌，再现集体记忆。

(4) 街接周边路网，重启开放街区：鉴于工人住宅建设之初与周边城市街道空间紧密融合，那个年代人与人、街坊与街坊之间无隔阂的贯通颇具时代特征。为了重启这种街坊与城市的开放关系，更新优化了街坊面向城市道路的巷道入口空间（增加出入口并强化出入口的公共性要素）与界面（通过廊道和景观平台建立视觉通廊），让长白 228 街坊由修缮前的封闭转向更新后的开放，重建街坊与城市的紧密联系。

室内特色装饰细部｜ © 上海杨浦科创（集团）有限公司

木楼梯

木窗框

卫生间木隔断

原厨房间及厨房外墙外水斗 | © 上海杨浦科创（集团）有限公司

原插销及门栓 | © 上海杨浦科创（集团）有限公司

室外特色细部 | © 上海杨浦科创（集团）有限公司

入口

雨水管

山墙装饰

3. 运营管理：引入情景商业、激发社区活力

在延续历史风貌的基础上，长白 228 街坊更新在 10 栋原位复建的建筑中引入新的空间形式和社区业态。空间形式方面，根据新业态所需的空间尺度，通过玻璃腔体配合金属瓦屋面的方式覆盖相邻的 2 幢建筑、联通相邻建筑内部空间及公共空间，由此得到大跨度的商业空间，承载复合性的文化及服务功能。

在社区业态方面，长白 228 街坊更新后引入净菜超市、社区食堂等复合型功能，弥补周边地区缺失的服务机能，将其打造为地区生活中心。在临近敦化路的沿街建筑中引入底层商业、二层餐饮的功能；在沿长白路的沿街建筑中引入商业、教育、休闲并重的功能模式；在街坊东侧，相对较为安静的区域则引入创业办公功能和拥有户外球场的健身设施。在街坊北侧，新建生态写字楼和人才公寓。引入办公和青年人群为街坊提供活力，同时也带动周边地区的日常消费。②此外，为了让更多人能够体验和传承街坊记忆，长白 228 街坊中还规划了两条以“人文历史”和“情景商业”为主题的轴线，引入“两万户”及工人新村相关的展览、商业、景观和雕塑等设施，从而唤起参观者的场所历史记忆和展望城市化文明的双重体验。②

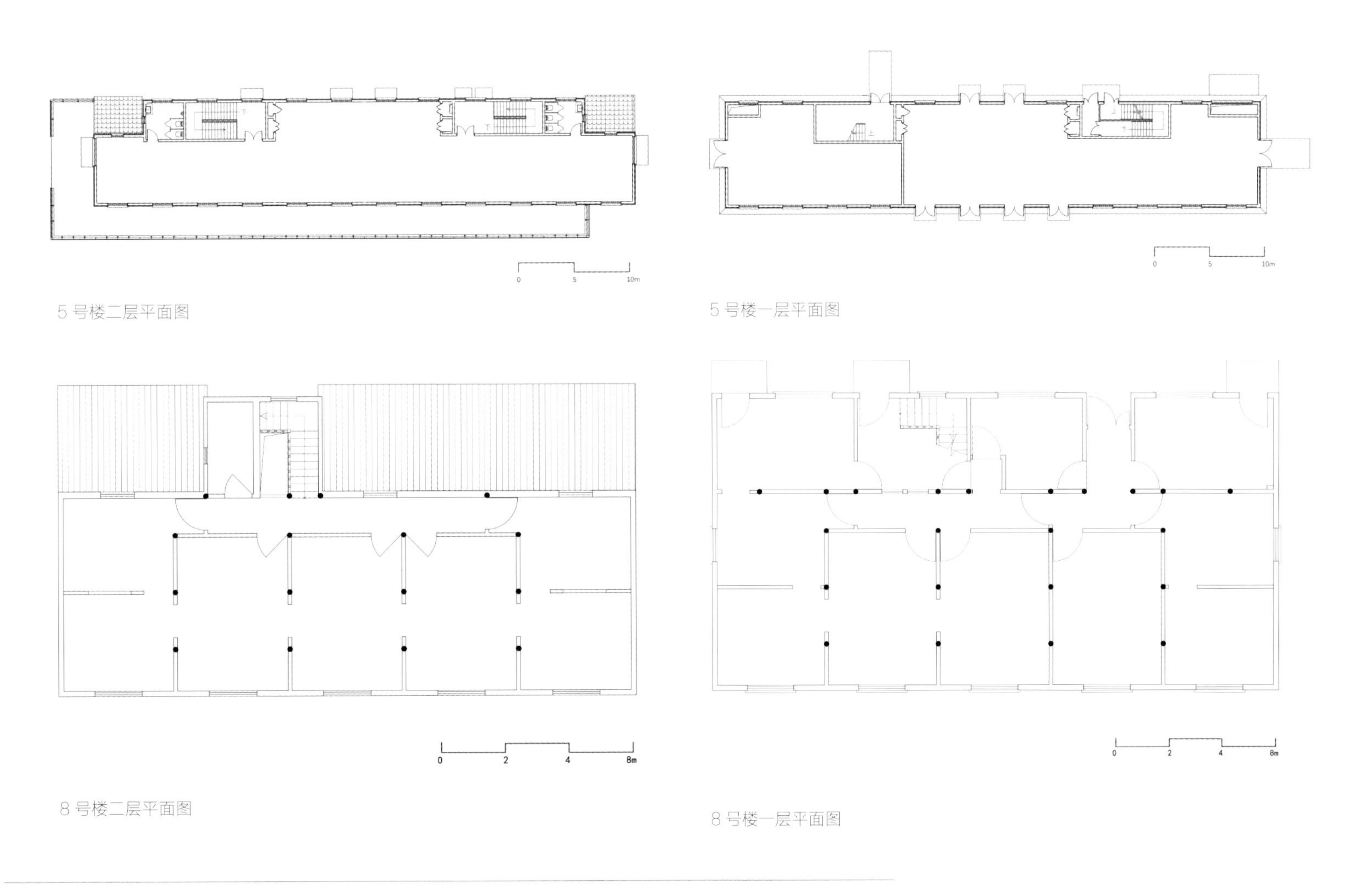

5 号楼二层平面图

5 号楼一层平面图

8 号楼二层平面图

8 号楼一层平面图

② 上海日清建筑设计有限公司，赵晶鑫，刘晓理，方异辰，《长白街道 228 街坊租赁房 & 城市更新项目规划与设计方案》，2020 年。

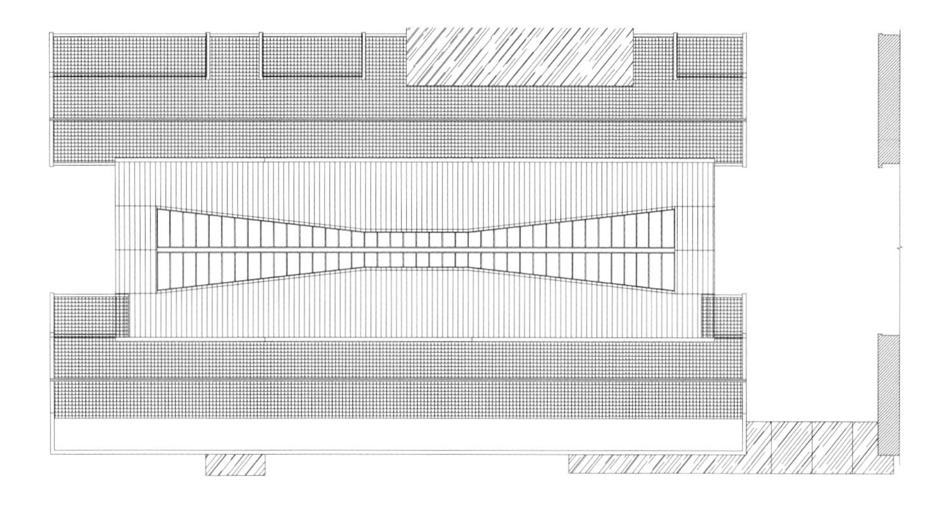

2 号楼屋顶平面图

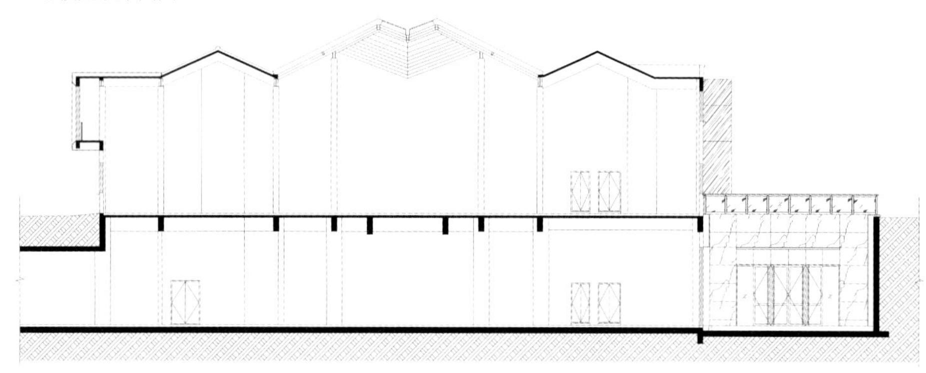

2 号楼剖面图

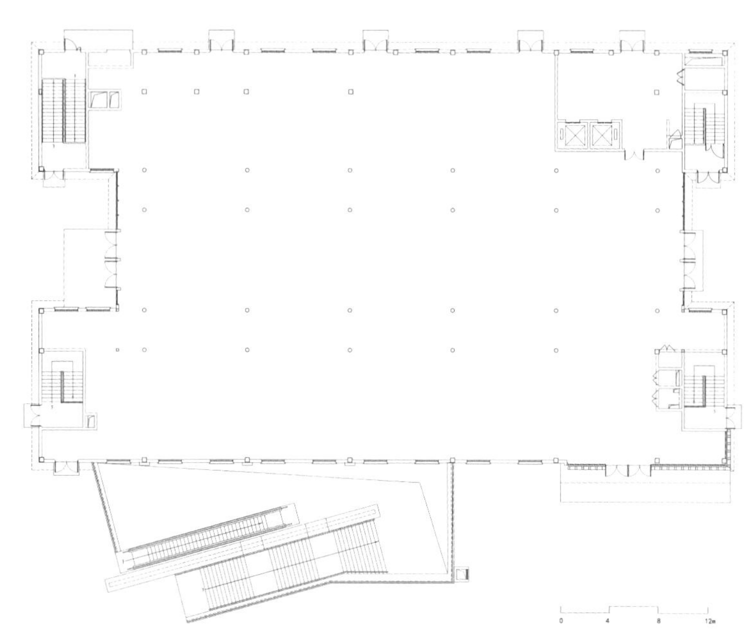

2 号楼一层平面图

5 号楼北立面图

5.3.4 保护利用成效

1. 通过制定公共利益优先的要素清单，积极应对老旧社区设施缺口

公共服务配套设施及停车位缺乏的问题在上海中心城区普遍存在，尤其是在老旧居住区分布的区域尤为明显，矛盾十分突出。长白 228 街坊的更新，明确了街坊自身及周边地区急需补充的相关配套设施的类型和规模，积极应对公共服务配套设施及停车不足的问题[②]。如充分考虑周边居民的实际需求，结合“15 分钟社区生活圈”导则的要求，因地制宜地配置多项公共服务配套设施。除按规范设置必要的停车位外，长白 228 街坊内还增设了一处不少于 50 个车位的公共停车场（库），供周边居民使用，力求提升地区的整体服务水平。公共空间方面，长白 228 街坊将原有仅供“两万户”居民使用的中心绿地和内部公共空间打开，强化其公共开放属性，优化社区周边的公共空间系统。

2. 通过利益相关者联动的公众参与，加深市民对城市更新的理解和认识

城市更新项目涉及的利益相关者众多，包括政府、专家、权利人、周边居民、设计师等，是多方参与的系统性工程，建立畅通有效的沟通协调机制是关键。长白 228 街坊更新在前期区域评估过程中，通过座谈、发放问卷等多种形式对周边居民的需求进行摸底和调研。市、区、街道通过合作论坛和媒体报道的方式，对评估成果进行及时的宣传和沟通交流。在规划草案公布阶段，由市、区两级规划部门的牵头组织，召开上海城市更新四大行动计划魅力风貌论坛：“忆时光、话当年、寄展望、谈未来——杨浦区长白社区‘两万户’（228 街坊）城市更新活动”[4]，活动中社区居民、设计师代表、规划专家、建筑专家、相关政府部门负责人等各方齐聚一堂，共同回忆长白 228 街坊“两万户”过去的历史，畅谈城市更新后的美好愿景，拉近了政府与群众的距离，也确保规划更能更好地满足居民的需求。

长白 228 街坊项目作为上海城市更新试点项目之一，对有机更新背景下的历史建筑保护和再利用进行了多方面的探索，其“挖掘历史场所和生活记忆、引入公众参与，寻找保护与发展平衡点”等宝贵经验，无疑对上海乃至全国的城市更新实践具有重要的参考价值。长白 228 街坊的蝶变回归，在提升居民生活品质的同时也让当年承载劳动者幸福生活的工人新村在时代潮流中焕发新生。作为留存上海“两万户”工人新村历史集体记忆的重要空间载体，长白 228 街坊项目不仅是对中央城市工作会议中提出的保护历史文化风貌和延续历史文脉的积极响应，而且为实现城市更新与社区生活圈的双重示范性项目提供了上海案例和上海经验。

---

② 上海日清建筑设计有限公司，赵晶鑫，刘晓理，方异辰，《长白街道 228 街坊租赁房 & 城市更新项目规划与设计方案》，2020 年。

修缮后的长白 228 街坊成为市民休闲的好去处

© 上海安墨吉建筑规划设计有限公司

© 上海杨浦科技创新（集团）有限公司

© 上海杨浦科技创新（集团）有限公司

© 朱珉

长白 228 街坊小卖部 | © 朱珉

居民意见征询现场 | © 朱雨婷，普方研究室

参考文献

[1] 郭红解 .“两万户”的记忆 . 上海档案 [J]. 2016(11):42-43.

[2] 周明 . 上海“两万户”工房，抹不去的记忆 [J]. 上海房地 .2016(8):38.

[3] 陈亮 . 记忆传承语境下“无身份”城市街区的更新尝试——上海 228 街坊保护与更新回顾 [J]. 建筑与文化 .2017(10):163-164.

[4] 周舜钰 . 从旧城改造迈向城市更新——以杨浦区 228 街坊为例 [J]. 上海土地 . 2017(6):28-31.

[5] 成元一 . 聚焦公共要素的城市更新机制探讨——以上海市杨浦区长白社区 228 街坊“两万户”[J]. 上海城市规划 .2017(5):51-56.

杨浦滨江鸟瞰｜ © 田方方

结语

历史文化遗产是不可再生、不可替代的宝贵资源，保护好、传承好历史文化遗产是对历史负责、对人民负责，也是城市建设发展进程中的一道“必答题”。杨浦滨江工业遗产在保护利用过程中始终坚持三个原则：

一是传承“一江一河”滨水空间中的历史文脉。“一江一河”是上海珍贵的滨水空间资源，历经世纪变迁，在发展形态上，从航运时期的“城市锈带”，向提升综合活力的“城市客厅”转变；在开发模式上，从外延式的“大拆大建”，向注重品质和内涵的“城市更新”转变；在战略能级上，从单一的“上海制造”，向能级更高的“滨水创造”转变。

二是解读好文物建筑深厚的历史内涵和时代价值。习近平总书记强调，“要积极推进文物保护利用和文化遗产保护传承，挖掘文物和文化遗产的多重价值，传播更多承载中华文化、中国精神的价值符号和文化产品”。历史建筑、工业遗产印刻着城市的基因，塑造着城市的文化底蕴和精神气质。杨浦区在保护城市文化遗产的基础上，通过系统挖掘梳理、科学研究阐释，把上海百年工业、杨浦工业城区演进发展更加清晰、全面和生动的呈现出来，让历史说话，让文物说话，让杨浦滨江工业遗产保护利用的创建成果成为凝聚人心、增强家国情怀的纽带和桥梁。

三是在城市更新中实现“见人、见物、见生活”。“实施城市更新行动，加强城市基础设施建设，打造宜居、韧性、智慧城市”，是党的二十大报告提出的根本要求。杨浦区注重城市更新与历史文化遗产保护有机融合，全面梳理、动态整合分布在城市场景中的文物资源，以“建筑可阅读”“海派城市考古”等都市旅游创新方式，推动文物资源再挖掘、再发现，实现文物保护成果的再分享、再体验，赋能城市的文旅功能和内涵。

上海杨浦生活秀带国家文物保护利用示范区的建设，在人民城市理念引领下，以工业遗产的保护利用探索为重点，形成一批可推广的经验和样板，不但提升了示范区建设的显示度和影响力，也体现了工业遗产保护利用对助力经济社会高质量发展、服务人民高品质生活的示范作用。未来，杨浦将继续推动工业遗产全方面摸底、全要素保护、全方位赋能、全周期管理，寻求最合适的保护利用方案，助力城区有机更新、区域功能转型。

杨浦滨江鸟瞰 | © 田方方

乐不思归 | © 黄乐妹

红云拂秀带｜©杨建正

滨江市集 | © 陈洪耀

杨树浦文创

漫步夕阳 | © 陈明松

我型我秀｜ © 陈树芳

魅力无限 | © 田伟达

“水岸生活秀 非遗最杨浦——来一场文物建筑与非遗文化的美丽邂逅”微旅行活动 | © 上海市杨浦区文旅局

2021-2022 国际雪联城市越野滑雪中国巡回赛上海杨浦站在杨浦滨江火热开赛 | © 上海市冰雪运动协会

致谢

专　家　郑时龄 常 青 沈 迪 俞斯佳 陆建松 周 俭
李孔三 张 松 卢永毅 王 林

单　位

上海市城市建设档案馆
上海博物馆
上海杨浦滨江投资开发（集团）有限公司
上海杨浦科技创新（集团）有限公司
华建集团华东都市建筑设计研究总院
同济大学建筑设计研究院（集团）有限公司
上海市政工程设计研究总院（集团）有限公司
东方国际（集团）有限公司
上海维方建筑装饰工程有限公司
上海创盟国际建筑设计有限公司
上海明悦建筑设计事务所有限公司
上海科远坊企业发展有限公司
上海光华建筑规划设计有限公司
上海周虎臣曹素功笔墨有限公司
上海室内装饰集团有限公司
上海方驰建设有限公司
上海日清建筑设计有限公司
法国夏邦杰建筑设计事务所
致正建筑工作室
蘑菇云设计工作室
CONCOM- 集良建筑
刘宇扬建筑事务所
大舍建筑设计事务所
上海安墨吉建筑规划设计有限公司

图书在版编目（CIP）数据

蝶变：工业遗产保护利用上海杨浦实践 / 上海杨浦生活秀带国家文物保护利用示范区建设领导小组办公室，上海市杨浦区文物局，同济大学超大城市精细化治理（国际）研究院主编 . -- 上海：上海文化出版社，2023.10

ISBN 978-7-5535-2838-0

Ⅰ. ①蝶… Ⅱ. ①上… ②上… ③同… Ⅲ. ①工业建筑－文化遗产－保护－研究－杨浦区 Ⅳ. ① TU27

中国国家版本馆 CIP 数据核字 (2023) 第 182098 号

出 版 人　姜逸青
责任编辑　江　岱

书　　名　蝶变：工业遗产保护利用上海杨浦实践
作　　者　上海杨浦生活秀带国家文物保护利用示范区建设领导小组办公室
　　　　　上海市杨浦区文物局
　　　　　同济大学超大城市精细化治理（国际）研究院
出　　版　上海世纪出版集团　上海文化出版社
地　　址　上海市闵行区号景路 159 弄 A 座 3 楼　邮编：201101
发　　行　上海文艺出版社发行中心　网址：www.ewen.co
　　　　　上海市闵行区号景路 159 弄 A 座 2 楼 206 室　邮编：201101
印　　刷　上海雅昌艺术印刷有限公司
开　　本　890×1240　1/12
印　　张　20
印　　次　2023 年 10 月第一版　2023 年 10 月第一次印刷
书　　号　ISBN 978-7-5535-2838-0/TU.022
定　　价　188.00 元
告 读 者　如发现本书有质量问题
　　　　　请与印刷厂质量科联系 T：021-68798999